主要设施蔬菜生产与
病虫害绿色防控技术

◎ 孙 茜　王娟娟　主编

中国农业科学技术出版社

图书在版编目 (CIP) 数据

主要设施蔬菜生产与病虫害绿色防控技术 / 孙茜，王娟娟
主编. —北京：中国农业科学技术出版社，2015.7　(2021.10重印)
ISBN 978-7-5116-2006-4

Ⅰ. ①主…　Ⅱ. ①孙…②王…　Ⅲ. ①蔬菜园艺—设施农业
②蔬菜园艺—病虫害防治—无污染技术　Ⅳ. ①S626

中国版本图书馆CIP数据核字（2015）第039704号

责任编辑　于建慧
责任校对　贾海霞
出　版　者　中国农业科学技术出版社
　　　　　　北京市中关村南大街12号　邮编：100081
电　　　话　（010）82109194（编辑部）
　　　　　　（010）82109703（发行部）
　　　　　　（010）82106629（读者服务部）
传　　　真　（010）82106638
网　　　址　http://www.castp.cn
经　销　商　各地新华书店
印　刷　者　北京富泰印刷有限责任公司
开　　　本　889mm×1194mm　1/32
印　　　张　6.25
字　　　数　176千字
版　　　次　2015年7月第1版　2021年10月第2次印刷
定　　　价　26.80元

编委会

前言

　　蔬菜在人们的生活中占有非常重要的位置。近年来，随着农业现代化进程的加快和人们消费水平的提高，设施蔬菜的生产得以迅速发展，目前设施蔬菜已成为新一轮农村产业结构调整中的重要组成部分，对促进农业增效和农民增收发挥了重要作用。

　　设施蔬菜生产栽培技术呈现作物种类杂，生产环节多，技术要求高等特点。为了提高各地设施蔬菜种植者的生产技术水平，满足农民对高产高效栽培技术的需要，我们编写了此书。本书以编者多年来积累的第一手资料为基础，本着方便菜农易学易操作为方向，从菜农的实际出发，系统地介绍了设施番茄、辣椒、茄子、黄瓜等主要作物的全程生产栽培技术，主要包括植物学特性、品种选择与育苗嫁接、植株管理、土壤管理、病虫害防治等内容，特别突出强调了各作物的绿色保健性防病技术，提出了单个作物全生育期病虫害整体防控方案，此属本书独有。深入浅出，通俗易懂，具有很强的操作性和实用性，希冀对一线人员提供技术上的帮助指导。

　　非常感谢河北科技菜农俱乐部的科技菜农团队给予的病虫害绿色防控技术方案的示范验证，感谢他们生产一线工作经验体会的分享。感谢在技术示范中提供药品的企业单位。由于工作繁忙，时间紧迫，水平有限，书中不妥之处欢迎广大读者批评指正。

目 录

第二篇　设施黄瓜栽培与病虫害绿色防控技术/039

第三篇　设施辣（甜）椒栽培与病虫害绿色防控技术/071

第四篇　设施茄子栽培与病虫害绿色防控技术/105

第五篇 设施甜瓜栽培与病虫害绿色防控技术/145

第一篇

设施番茄栽培与病虫害绿色防控技术

一 番茄生物学特性

番茄属于半直立或匍匐茎，多数品种属无限生长类型，侧枝孳生力强，枝叶繁茂。生产上通过不断整枝、打杈、摘心等一系列措施达到植株营养生长与生殖生长的协调发展。

番茄的花为聚伞花序或总状花序，自花授粉，条件适宜时，成花成果率较高。条件不适时，可通过熊蜂授粉、化学调控等措施达到防止落花落果的目的。果实的大小、颜色和形状因品种各异而多种多样。十多年前从国外引进品种以红果为主，随着国内消费者习惯于粉果市场的现实，国内外种子企业培育硬粉果实品种种类推广应用多了起来，目前以适口性较好的硬粉果居多。大果型品种单果重一般在 180～220 克，小型品种樱桃番茄果实有红色、黄色、粉色、绿色、咖啡色、黑色等多种颜色。

（一）生育周期

番茄从播种到采收结束，可分为 4 个不同的生长发育时期。

1 发芽期 从种子发芽到第一片真叶露心 10～14 天。

2 幼苗期 从第一片真叶露心到第一穗花序现大蕾 45～50 天。夏季育苗仅需 20～25 天。

3 开花期 从现蕾到第一果形成 15～30 天。

4 结果期 从第一穗果坐住到采收结束。春提前和秋延后栽培此期为 80～100 天，而越冬长季节栽培需 6～8 个月。

（二）环境条件要求

1 温度 番茄在每个生长发育过程中，对温度的要求各不相同，各阶段温度要求见表1。

2 光照 番茄是喜光作物，光照有利于花芽分化，促进结果，提高产量和品质。冬季生产由于光照不足，加上植株间密不透风，造成植株徒长、落花落果，且各种叶病发生和蔓延。所以，在棚室栽培中，必须在品种筛选、合理密植、植株调整等方面采取相应措施，创造较好的光照条件，以保证高产优质。

表1　番茄各生育期对温度的要求

生育期	气温	地温	备注
发芽期	28～30℃，最低温度12℃	根系生长适温20～25℃，小于5℃吸收受阻，30℃以上发育缓慢	＜15℃导致落花落果。＜10℃生长缓慢，5℃停止生长。＞30℃影响养分积累
幼苗期	昼温20～25℃，夜温10～15℃		
开花期	昼温20～30℃，夜温15～20℃，最低温度15℃		
果实发育和着色期	昼温24～27℃，夜温12～15℃		

3 水分　番茄较喜干爽的空气环境，相对湿度为45%～55%为宜。空气湿度过大，不仅影响正常授粉，造成落花落果，而且引起灰霉等多种病害的发生。

幼苗期适当控水，防止徒长。结果期加大浇水量，以满足果实生长发育需要，但要保持相对稳定，忌忽干忽湿，造成裂果和脐腐病的发生。

4 气体　增加二氧化碳（CO_2）有利于光合作用，植株生长旺盛，产量增加。棚室番茄生产中常通过增施有机肥，或结合高温闷棚在土壤中增加作物秸秆的方法来增加棚室内 CO_2 浓度，效果很好，并且起到杀菌抑菌作用。

■ 茬口安排与品种选择

（一）茬口安排

随着日光温室和塑料大棚等设施的日益发展，番茄周年生产已经成为现实。棚室番茄种植模式主要分为：冬早春日光温室、早春茬塑料大棚栽培；秋延后日光温室、秋季塑料大棚栽培；秋栽越冬大茬日光温室栽培；大棚越夏栽培等多种种植模式。

1 冬早春棚室栽培 依棚室结构不同，播种日期也不同。棚室为土墙结构，番茄应 11 月中旬播种，翌年 1 月初至 2 月上旬定植，4 月中下旬至 6 月收获；棚室为砖墙结构，应 12 月中下旬播种，翌年 2 月中下旬定植，4 月下旬至 6 月底采收。

塑料大棚早春茬栽培：1 月上中旬播种，3 月中下旬定植，5 月底至 7 月采收（北方黄河流域可以是多膜覆盖，提早定植）。

2 秋延后日光温室、塑料大棚栽培 塑料大棚 6 月中下旬播种育苗，苗期 25 天左右，7 月中旬定植，9 月底至 11 月采收。

日光温室较塑料大棚晚 20～25 天育苗，于 7 月上中旬播种，8 月上中旬定植，10 月开始采收。

3 秋冬春季周年茬日光温室栽培 一般 9～10 月育苗，11 月定植，翌年 1 月开始采收，6 月结束；目前有些地方播种期提前到 7～8 月定植，10 月开始采收，直到翌年 6 月。

4 塑料大棚越夏栽培 主要适用于冷凉地区一季种植区域，例如，内蒙古、冀北张承和东北等无霜期较短的地区。

3 月中下旬育苗，5 月定植，7 月初开始采收，一直延续到 10 月份。

（二）品种选择

目前，随着国外品种的不断引入及国内育种竞争的加剧，品种更新换代加速，设施栽培选用的品种也在不断更新。

不同品种各具特点，因此，应依据不同茬口、目标销售市场、目标消费市场的人群消费习惯，以及当地订单市场选择不同的栽培品种。例如，出口国外市场需要果皮较厚、耐贮运的硬果型品种迪利奥、倍液赢、保罗塔。秋季尽量选择抗黄化曲叶病毒的品种如齐达利、迪芬尼、惠裕、特美特、意佰芬、浙粉 706、西贝、金盾、金棚 10 号、荷兰八号等。国内市场，尤其是京津北方市场更喜欢粉果品种。

目前，市场上番茄大多品种无论红果、粉果均完成了硬果型品种的改良换代，皮较厚，耐裂，耐运输且产量高的红果品种多为南方和出口为主。硬型粉果品种除具有原汁多，适口性好特性外，大多也具备耐裂、耐运输等特性。

按种植模式进行品种选择时，越冬茬一般用耐弱光、耐寒性好的中研冬悦、中研 998、齐达利、金棚一号、粉倍赢、浙杂 702 等品种，越夏品种选用耐热、抗裂的惠裕、正粉八号、迪芬尼、满田 2185、东风一号、东风四号等品种，春茬栽培一般选用较早熟的西贝、金盾、蔓其利、满田 2185、浙粉 702、荷兰 8 号、金棚系列等。

三 育苗技术

目前，育苗方式主要有简易穴盘和苗床营养土育苗、营养块育苗及现代集约化育苗等多种育苗形式。生产上应用较多且简便易行、成活率高的是穴盘无土基质育苗技术，此技术特别在蔬菜示范园区和蔬菜主产区广泛应用，效果良好。

苗期在整个番茄生产中占举足轻重的地位，秧苗的优劣直接影响着定植后植株的长势乃至最终的产量。春季栽培从时间上说苗期占整个生长期的 1/3 ～ 1/2，且正处于一年中温度较低的季节，技术要求较高，而夏季育苗，由于高温、病虫害等的影响，也增加了培育优质壮苗的难度。

（一）营养土配制

取肥沃无菌大田土 5 份、充分腐熟优质有机肥 4 份、细炉碴或锯末 1 份，混合均匀过筛备用。

> 提示：注意尽量避免取玉米田土，减少因玉米田土除草剂残留影响。

营养土中一般不需要加入化肥，若大田土、有机肥质量较差，1 立方米可加入酵素菌生物肥 3 千克，或粉碎或用水溶解后的磷酸二铵 1 千克，均匀喷拌于营养土中，为防止苗期病虫害的发生，可 1 立方米加入 68% 精甲霜灵·锰锌可分散粒剂 100 克，2.5% 咯菌腈悬浮剂 100 毫升随水解后喷拌营养土一起过筛混匀，药土装入营养钵或作苗床土铺在育苗畦上，可有效防治苗期立枯病、炭疽病和猝倒病等病害及虫害。

（二）育苗方式选择

1 营养钵育苗 将营养土装入育苗钵中，育苗钵大小以 10 厘米 × 10 厘米或 8 厘米 × 10 厘米 为宜，装土量以虚土装至与钵口齐平为佳，播种后施药土覆盖。也可以先把种子撒播在小面积的土盘中，待出土生长至 1～2 片真叶时移栽营养钵中。

2 育苗畦育苗 把营养土直接铺入育苗畦中，厚度 10 厘米左右。种子撒播于小面积的土盘或土盆，待出土生长至 1～2 片真叶时，二次移栽至棚室中的育苗畦。生产中也有育苗阳畦与营养钵结合育苗方式，集中把营养钵放置育苗畦中。棚中棚保温效果会更好。

3 营养块育苗 引用已经配置好的营养草炭土压制成块的定型营养块，直接播种至土块穴中覆土，按常规管理法即可。

育苗前 7～10 天，用防病、防虫药剂对准备育苗的棚室进行熏棚 1 昼夜，然后放风排毒气准备播种。

消毒方法：每亩（1 亩≈667 平方米，全书同）用 80% 敌敌畏乳油 0.25 千克 + 硫黄 2 千克 + 适量锯末混合分堆点燃熏棚，或用百菌清烟剂 + 灭蚜烟剂等点燃熏棚（请按购买药剂实际说明施用）。

4 穴盘基质土育苗 基质配比按体积计算，草炭：蛭石 2：1，或草炭：蛭石：废菇料 1：1：1。冬春季配制基质时，1 立方米加入 15：15：15 氮磷钾三元复合肥 2 千克，料与基质混拌均匀后备用。夏季为 1～1.5 千克。

冬春季育苗：育 5～6 片叶苗，苗龄 60 天左右，一般选用 72 孔苗盘。

夏季育苗：由于气温高，苗期短（20～30 天），一般选 128 孔或 72 孔苗盘。

（三）播种育苗

1 播种时间 冬春季穴盘育苗主要为早春设施生产供苗，定植期从 1 月中旬开始（日光温室），直到 3 月下旬结束（塑料大棚），故播种期从 11 月中旬到翌年 1 月中旬，视用户需要而定。夏季育苗苗期短

（20 ~ 30 天），结合大棚、温室不同定植期，播种往前推算 20 ~ 25 天左右即可，一般从 6 月中下旬到 7 月上中旬均可播种。

②种子处理　播种前检测发芽率，选择发芽率大于 90% 以上的籽粒饱满、发芽整齐一致的种子。已包衣的种子可直接播种，未包衣的种子播前首先用温汤浸种法（55℃）浸泡 30 分钟，然后用 1% 硫酸铜溶液浸泡 5 分钟后用清水冲洗干净，这两步可将种子表面及种内的病菌杀死，之后特别是夏季育苗时再用 10% 磷酸三钠溶液处理 15 ~ 20 分钟，然后用清水冲洗干净以杀灭种子表面的病毒，风干后播种。

③播种　播前用清水将基质浸透，以水从穴盘底孔滴出为宜，使基质最大持水量达到 200%。待水渗下后播种，播种深度大于 1 厘米，播后覆盖蛭石，喷洒 72.2% 普力克水剂 800 倍液或 68% 精甲霜灵·锰锌水分散粒剂 500 倍液封闭苗盘，防治苗期病害。冬季育苗，苗盘上加盖一层地膜，保水保温。夏季可不盖膜，但要及时喷水，如果盖膜，要及时观察幼芽萌动后即可掀膜，以免烫幼芽。

（四）苗期管理

出苗后，将地膜掀去。白天气温保持在 25℃左右，夜温 16 ~ 18℃为宜。在保持基质水分的同时，注意降低空气相对湿度。当温室夜温偏低（低于 10℃）时，可采用地热线加温或临时加温措施。3 叶 1 心后，结合喷水进行 1 ~ 2 次叶面喷肥，或抗寒生长调节剂碧护 5 000 倍液喷施，尤其是叶片发黄时，可用叶面肥如益施帮 5 000 倍液喷施，或枯草芽孢杆菌可湿性粉剂 300 倍液，或结合喷水用 0.2% 的磷酸二氢钾进行叶面喷肥。在定植前 7 天左右，白天尽量降低温湿度，使秧苗接受与定植后相似环境的锻炼。

苗期注意防治苗期病害，一般待苗出齐后喷 800 ~ 1 000 倍液的枯草芽孢杆菌可湿性粉剂或百菌清可湿性粉剂 1 000 倍液进行防治。冬季苗期喷 3 ~ 4 次，夏季苗期喷 1 ~ 2 次。夏季育苗棚应用"两网一膜"技术，并结合药剂防治，用噻虫嗪 1 000 倍液药液或吡虫啉 1 000 倍液淋灌防治白粉虱、蚜虫，阻断病毒病传播途径。

（苗期常见病虫害如猝倒病、茎基腐病等的治疗见后文。）

四 施肥与整地

（一）施肥方案

栽培模式不同，目标产量不同，基肥及追肥量也各不相同。基肥（底肥）除施用一定量的有机肥外，还要配合一定量的氮、磷、钾化肥。

> 长季节栽培施肥总量增加，底肥占全生育期施肥总量的比例有所降低。

原则上短季节栽培底肥中氮肥的施用量是整个生育期氮肥施用总量的20%；全生育期磷肥用量全部作底肥施入土壤中，追肥不再施磷肥；而底肥中钾肥的施用量占整个生育期钾肥用量的40%。

以下施肥方案的确定是以番茄目标产量制定，用起来简单易掌握（表2，表3）。

表2　亩产5 000～7 500千克番茄基肥施用方案
（番茄单株一般结5～6穗果实）

适用栽培模式	◎ 冬早春栽培的日光温室和秋延后初冬栽培日光温室，从定植到收获结束5～6个月； ◎ 早春栽培的塑料大棚和秋延后栽培的塑料大棚，从定植到收获结束4～5个月； ◎ 越夏栽培的塑料大棚，主要分布在冷凉地区，无霜期短的高海拔地区，从定植到收获结束5～6个月。
全生育期化肥用量	◎ 全生育期氮肥用量70～100千克尿素（含N 46%），磷肥用量100～125千克过磷酸钙（含 P_2O_5 16%），钾肥用量70～90千克硫酸钾（含 K_2O 50%）。若施用其他肥料，可根据有效成分进行换算。
基肥用量	◎ 在每亩施4～5立方米有机肥的基础上，依据底肥中化肥量占施肥总量各自不同的比例，应施入尿素14～20千克，过磷酸钙100～125千克，硫酸钾28～36千克。

表3　亩产10 000～15 000千克番茄基肥施用方案
（番茄单株一般结 7 ～ 13 穗）

适用栽培模式	◎ 越冬长季节一年一大茬栽培的日光温室，占地 10 个月以上。
全生育期化肥用量	◎ 全生育期氮肥用量 150 ～ 200 千克尿素（含 N 46%），磷肥用量 150 ～ 200 千克过磷酸钙（含 P_2O_5 16%），钾肥用量 90 ～ 160 千克硫酸钾（含 K_2O 50%）。
基肥用量	◎ 在施 6 ～ 8 立方米有机肥的基础上，应施尿素 15 ～ 20 千克、过磷酸钙 150 ～ 200 千克、硫酸钾 20 ～ 25 千克。

此方案属常规施肥技术，如果同一棚室中连续多年种植同一种蔬菜，应结合测土施肥进行适当的调整，做到合理施肥，延长棚室的使用年限，减少因连作障碍造成的低收益。

（二）整地作垄

整地时先将底肥中的有机肥铺施于地面，然后机翻或人工锹翻两遍，使肥料与土壤充分混匀，之后搂平地面。作垄后开沟将底肥中的化肥施入沟中，与土壤充分搅匀后搂平。

一般选用高垄种植，垄高 15 ～ 20 厘米，宽 40 厘米。高垄中间单行种植。行距 100 厘米，株距 33 ～ 40 厘米。定植前 7 ～ 10 天将垄作好等待定植。

五 定植

（一）定植时间

不同茬次番茄在日光温室与塑料大棚种植时的定植时间见表4。

（二）定植密度

种植模式不同，定植密度略有不同。一般长季节栽培定植密度 1 800 ～ 2 000 株 / 亩；中短季节栽培，密度 2 000 ～ 3 000 株 / 亩不等，一般硬果型红果品种，密度2 000株/亩左右。而国内粉果品种可适当密植，但不可超过2 600株。

表4　不同种植模式定植时间

方式		时间	方式		时间
日光温室	冬春茬	1月中至2月底	塑料大棚	大棚早春栽培	在3月中下旬定植
	秋冬茬	7月底至8月初定植		大棚延秋栽培	在7月上中旬定植
	越冬栽培	8～11月均有定植		大棚越夏栽培	一般在5月定植

（三）定植

过去生产上常采用带蕾定植，生理苗龄一般是7～8片叶；目前，生产上多采用4～5片叶的小龄苗定植，一是缓苗快，二是受穴盘育苗营养面积所限。

在垄上按33～40厘米的株距挖穴，穴深10～12厘米。定植过深，缓苗慢。日光温室栽培，掌握"前密后稀"的原则，即温室前部因光照条件好，可适当密栽，株距30厘米；后部光照条件差，适当稀栽，株距35～40厘米。定植前选用68%精甲霜灵·锰锌水分散粒剂500倍液喷施土壤、穴坑表面杀菌，然后定植秧苗。定植后马上浇定植水，水量要充足，将栽培垄全部润透。灌溉多采用膜下畦灌，有条件的地方可膜下滴灌或微喷灌，既可节水，又可避免棚内湿度过高而引起病害的发生。

六 田间管理

（一）温度管理

定植到缓苗期间，温度可控制高一些，以利于迅速缓苗。白天可达32～35℃。尤其是早春或深秋定植时，由于外界温度较低，温室一般不通风。室内湿度过大时，尤其低温弱光天气时，选择中午时间适当放风，潮气放出后，及时封闭棚膜。

缓苗后（一般定植后 7 ~ 10 天），白天温度控制在 20 ~ 25℃，夜间 15 ~ 18℃。夏季定植的，由于 7 ~ 8 月温度高，将温度降到生长适温有一定难度，应尽量放大风口，控制浇水，以免由于高温高湿而引起的植株疯长现象。

随着植株的生长，进入开花结果期，这时应保持白天温度 20 ~ 30℃，夜间 15℃左右。低于 15℃引起落花落果，高于 30℃影响养分的积累。条件不适宜时，应增加一些辅助栽培措施，如化学调控、"两网一膜"等技术。

（二）水分管理

定植时浇足定植水，滴灌 35 立方米 / 亩左右，畦灌比滴灌多用水 1/3 ~ 1/2。7 ~ 10 天后浇一次缓苗水。之后，原则上不再浇水，直到第一穗果核桃大小时再开始浇水。此期如果水分过多，易引起植株徒长，从而影响以后的开花结果。主要栽培措施是中耕，以促使根系向土壤深层发展。特殊情况时，若土壤、植株表现干旱，尤其是采取滴灌措施时，前期水分不是很大，这时确需浇水时，可补一小水。另外，因品种特性各异，有些品种不需要控苗，可根据需要补水。

当第三花序开花时，正是第一果穗膨大期（核桃大小），这时开始浇水，水要充足，一般滴灌 25 ~ 30 立方米 / 亩，畦灌（明水）40 ~ 50 立方米 / 亩。水量以渗透土层 15 ~ 20 厘米为宜。充足的水分对茎叶的生长和果实的发育均有很好的促进作用。

进入结果期，不同种植模式由于温度的原因，水分管理有所区别，冬春茬栽培的番茄，此时室内外温度适宜，10 ~ 12 天浇 1 次水，以保证果实发育所需。进入盛果期，需水量逐渐加大，5 ~ 7 天浇 1 水。而越冬栽培，进入结果期后，室内外温度逐渐降低，且外界光照时间短且弱，植株生长和果实发育均较缓慢，此时必须适当控制浇水。最冷的 12 月中下旬到翌年 1 月，基本不浇水以求保持土壤温度。待翌年 2 月中旬后，随着天气转暖，开始浇水，一般10～15天浇1次。

无论是哪种模式的种植，番茄水分管理总原则是：苗期要控制浇水，以防止秧苗徒长，以达到田间最大持水量的

> 换头栽培的此时应考虑"浇果不浇花"的原则，掌握好水量，以防止落花落果。

60%左右为宜。结果期水量加大，以达到田间最大持水量的80%为宜，且要保持相对稳定。棚室内土壤水分过大时，除妨碍根系的正常呼吸外，还会增加室内空气湿度，加大病害发生几率。忽干忽湿导致裂果和脐腐病的发生。

（三）追肥

不同栽培模式追肥方案见表5。

表5　番茄不同栽培模式追肥施用方案

中短季节栽培模式	亩产5 000～7 500千克番茄。 番茄第一穗果坐果后，追第一次肥，依然是遵照施肥原则，将氮素施用总量的80%（56～80千克）和硫酸钾施用总量的60%（42～54千克）分3～4次随水追施。以共追肥4次算，第一次每亩追施水溶性氮钾冲施肥14～16千克。 第二穗果开始膨大时（距第一次追肥约10～15天）追第二次肥，每亩追施水溶性氮钾肥12～18千克；氮钾比为1∶3。 结第三穗果时，追第三次水溶性氮钾肥15～18千克，氮钾比为1∶3。 在第四穗果开始膨大，第五穗坐果后进行第四次追肥15～20千克。
长季节栽培模式	亩产10 000～15 000千克番茄。 番茄第一穗果坐果后，追第一次肥。将底肥中氮素和钾素施入肥量减去，定植后氮素的施用量（130～180千克）和钾肥施用量（65～135千克）在整个生育期分8～9次随水冲施。每次施入水溶性氮钾肥15千克左右。秋季施3～4次，于第一穗果膨大时开始追第一次肥； 第二穗果开始膨大时，追第二次肥。

续表

长季节栽培模式	第三穗果或第四穗果膨大时，追第三次肥。以后，视植株长势而定。这种模式的栽培（8月初定植）到10月中下旬已留有4~5穗花序，此时可摘心换头，也可延续长下去。到12月底前这几穗果一般可成熟上市，此时栽培的一个重要目的是供给元旦、春节市场，故一般不采收，直到节日前再采摘上市。而12月中旬后到翌年2月，是温室的低温期，与浇水同步，此期严格控制追肥。2月中旬后，天气转暖，室内外温度上升迅速，配合浇水，开始缓施生物菌肥让其根系复苏激发活力，逐渐增施水溶肥总量。到采收结束，一般施肥5~6次，每次施肥量同前，以满足植株快速生长所需。掌握依然是换头后第一穗果膨大时开始追肥。建议每施2次水溶肥，增加1次生物钾肥或海藻菌生物肥，以期改善根系吸收活力。追肥后管理同冬春茬栽培。

　　无论是基肥，还是追肥，此方案仅属常规施肥技术，应根据不同棚室的具体情况，进行适当的调整。有条件的地方，坚持测土施肥，做到施肥合理。在高产的同时，节约成本和土地资源。目前生产上，一味追求高产，超量追施氮肥的现象十分严重，过量施用加速了土壤盐化的程度致使微量元素吸收困难，经常造成重度盐渍化环境下的缺素番茄不完全转色（花脸果），同时对土地资源的可持续利用构成了很大的威胁。所以合理施肥是蔬菜生产亟需遵守的原则。

（四）植株调整

　　1 整枝　　目前，生产上大多栽培品种属无限生长类型，菜农多采用单干整枝法。

　　双干或多干整枝常见于樱桃番茄或无土基质、设施岩棉栽培。菜农单干整枝即每株只留1个主干，把所有侧枝都陆续摘除掰掉。这种整枝方法单株结果数虽然不多，但果个增大，营养生长与生殖生长易保持平衡，早期产量和总产量均较高。只要注意合理密植，此方法坐果率较高且上下层果实大小均匀一致。

　　2 换头　　日光温室长季节跨年度栽培时，常每一植株都需10穗以上的果实，保持主茎的不断伸长虽可获得生产需要的花序量，但土壤栽培的根部吸收供给最上部的水分、养分明显减弱，致使果个变小，产量低等；同时，北方10月中下旬后，随着外界温度的逐渐降低，落花落果现象开始加重，且即使是已坐住的果实，成熟速度缓慢。为解决这些问题，生产中常利用换头的方法，打掉主干的生长点，使养分集中供给逐渐膨大的果实。待现有果实成熟后的2个月后，随着温度的升高和侧枝的发展，前期的果实又陆续采收完毕，栽培重点又重新转移到侧枝的生长点上来，通过这种方法，春节前后均能获得较好的收成。

换头的部位各不相同，目前使用较多的是：10月中下旬（此时，8月定植的已有4～5穗花序）开始掐尖，具体的方法是：主干留4～5穗花序后在其上留2～3个叶片后摘心，诱发侧枝的萌发。这时养分集中到果实的发育与

> 注意：诱发出的侧枝部位各异，选择较粗壮的侧枝（一般在植株2～3穗果实的腋芽处长出，也有选择茎基部萌发的侧枝的）。

成熟上，待温度升高后，以诱发出的侧枝为主干，重复基本的栽培管理。

3 打杈 除主干和换头后的主侧枝外，其余的侧枝和赘芽都要掰除去掉。在打杈时，由于植株侧枝的生长将刺激地下根群的伸展，过早摘除侧枝，就会抑制地下根群的生长。所以正确的做法是，在侧枝长到5～6厘米时，及时进行打杈。

另外，夏季定植的番茄，由于温度高，很容易徒长，如果此时打杈过早，更加重了徒长的程度，直接影响以后的开花结果，夏季番茄为了控制徒长，常常晚一些时候打杈。

4 摘心 摘心即打顶，打顶时机由栽培方式、栽培时节以及品种生长类型所决定。早春栽培和秋延后栽培一般留5～6穗花序后摘心。在最后一穗花序充分开花坐果后，留取花穗以上3～4片叶子，其余摘心打顶。冷凉地区无霜期一年长季节或棚室周年生长栽培模式一般留8～10穗以上，采取换头方法栽培的要经过两次或多次摘心。每次摘心后，要在最上部花序上保留2～3片叶。掌握拉秧前40～50天进行最后一次摘心，以保证最后一穗花序能正常发育成商品果。

5 去叶 对于生长正常的叶子，原则上是不摘除的。但由于各种原因，植株整体上透光不足，直接影响到生殖生长，造成落花落果时，

要及时且有控制地摘除一些叶片。另外，对于植株下部的病、老、黄叶要及时摘除，以减少病虫害的传播和蔓延，增加透光率。对已收获的下部果实周围的枝叶要及时全部打掉。

6 吊蔓及落蔓 番茄属蔓生草本植物，幼苗时，尚可直立。但随着枝叶、花果增多增大，茎不能承担其重量而呈匍匐状态，所以必须插架绑蔓或吊蔓，使其直立生长，增加透光，提高产量和品质，且利于田间操作。

目前，番茄棚室生产中多采用吊蔓的栽培方式，一般在定植缓苗后着手开始吊蔓，吊蔓时，宜在各行上部拉上铁丝，尼龙线吊在铁丝上。注意铁丝和尼龙线要足够结实以防盛期突然断裂，造成损失。

长季节栽培的番茄，随着前期果实的不断成熟上市，要将底部的枝叶全部打掉的同时随之及时落蔓，将底部茎有序地盘绕在根部。增加空间，增加透光，减少消耗，便于管理。为第二年的生长创造良好的环境。

7 疏花疏果 为了高产和使果实生长整齐一致，需要采用疏花疏果措施。

品种不同，选留的果数不同，且第一穗果要比以后各穗果少留 1～2 个。大果型品种一般第一穗果留 3～4 个，以上各穗留 4～5 个；中果型品种第一穗果留 4～5 个；小型果品种可留 5 个以上。疏果时，首先将病果、畸形果去掉。

（五）保花保果

番茄虽属自花授粉作物，但遇到不利的环境条件时，例如阴雨、低温、高温等，子房不能正常授粉、受精形成种子，子房内生长素类物质浓度不高，导致子房不膨大，产生落花。棚室番茄生产中，为保证产量，多采用五种方法进行保花保果。

1 熊蜂授粉 番茄全年生产中，棚室温度低于15℃或高于30℃时易引起落花落果，设施栽培中使用熊蜂授粉技术在一定程度上解决了这一问题。熊蜂授粉的优点是果实整齐一致，无畸形果，品质优，是绿色栽培的第一选择；避免使用激素类药物；省工省力，简单易掌握。一般500～667平方米的棚室，一棚放一群（箱）蜂，给予一定的水分和营养，将蜂箱置于棚室中部挖一穴坑埋入小型水缸，距地面 1 米左右的地下，放入 3～4 块砖头或板凳，高出缸底（避免蚂蚁侵蚀），将蜂箱放在砖头上面即可。蜂群寿命不等，一般 40～50 天，诸如春季或秋季短季节栽培一箱可用到授粉结束。利用熊蜂授粉，坐果率可达 95% 以上。

2 振动授粉法　利用番茄自花授粉的特点，在晴好天气的上午对已经开放的花朵进行人工手棒震动吊绳数次，使花柄振动促进花粉散出落到柱头上进行授粉，特别是越夏栽培和春秋季栽培，通常 5～6 月棚室温度高于 25℃以上时，采用振动授粉是促进授粉的最好方法。此时若一味使用激素蘸花，会造成大量畸形果产生。先进的科技园区有手持振动器进行操作。这样授粉生长的果实内会有种子，可与激素蘸花处理的番茄相区别。

3 药剂喷花法　药剂保花保果的方法主要是依靠使用外源激素，也就是常用的 2，4-D、防落素、番茄灵等，用其进行蘸花或喷花。喷花法，将配好的药液装在一个小的喷壶里，用壶嘴对准基本开放的花序喷施，同时设法挡住番茄的枝叶和生长点，以免药液喷到枝叶上引起药害。此法可用于花序开放整齐，至少花序有 3～4 朵花开放时进行效果好。为保证在炎热酷暑期的坐果率，最好在喷花前，先浇水。然后在每穗花开 2～3 朵时喷施番茄灵类保花药剂，保持柱头湿润，提高坐果率。

生产中采用此方法的居多，但要注意喷壶的压力，雾滴要均匀一致，花萼、柱头着药均匀。不可重复喷施。

4 涂抹法　涂抹法农民也叫"点花"。即在上午用毛笔蘸药液涂抹番茄的花柄或花柱上。此法可以对花序开放不整齐的花蕾分别进行毛笔蘸药点涂，棚室温度较低生长势较弱时涂抹效果好一些，但费工。有时毛笔点涂的药剂量和浓度不好掌握，容易产生畸形果。

5 浸蘸法　生产上也叫"涮花"。方法是把已经开放的花序或至少开放 3～4 朵的花序放入配好药液的碗中，浸没花柄后立即取出将花序在碗的边缘滴尽多余药液。此法配置的药液浓度稍低些。

用于药剂辅助保花保果的药品有甲硫·乙霉威保花剂 1 毫升药液对水 1.5 升，丰产素 2 号 20 毫克原液对水 1 升，2，4-D 10～20 毫克原液对水 1 升，番茄灵 20～30 毫克原液对水 1 升，防落素等 20～50 毫克原液对 1 升水（注：以购买药品实际使用说明操作为准）。

药剂辅助保花技术，虽可保证产量，但也带来诸多问题，若浓度使用不当，造成畸形花果，直接影响品质，销售价格降低。商品果率低。

> **注意事项**
>
> ◎ 浓度与标记：无论用哪种激素，也无论采用哪种方法，一定按照产品说明书严格要求的浓度操作。浓度小，影响效果；浓度大，易造成畸形果，直接影响品质和效益。药液中加入红色或墨汁作标记，避免重复蘸、涂或喷花。生产中常用含有红色颜料的 2.5% 咯菌腈种子包衣剂配置在蘸花药剂中，即红色起标记作用，杀菌剂的药性又预防了番茄灰霉病的发生，此法已经得到菜农的广泛使用。
>
> ◎ 避开高温时间：避免中午高温时操作，一般选 10 时前和 15 时后再操作。生产中多在上午 7 ～ 10 点钟进行辅助授粉工作。
>
> ◎ 防止药液碰到茎叶或生长点：如果药液溅到茎叶或生长点，将导致茎叶皱缩、僵硬，影响光合作用，严重时，生长受阻，产量下降。如果药液溅到茎叶上，及时喷施清水、或碧护可湿性粉剂 5 000 倍液药液进行药害解除。

（六）催熟

为了提早上市，菜农为了赶价格常用乙烯利对进入白熟期的果实进行催熟处理使用浓度 1 000 毫克／升。

1 上催熟 将 1 毫升乙烯利药液对水 1 升倒入小喷雾器中，向待催熟的果上直接喷药液。4 ～ 5 天后，果实可大量变红。

2 后催熟 把白熟期的果采下后，将 20 毫升乙烯利药液对水 1 升把待青果放入配制好的乙烯利溶液中浸 1 ～ 2 分钟，取出后装在容器中，25℃下催熟，4 ～ 6 天全部转色。

3 整株处理 一般对秋延后棚室的最后一批果实成熟前，用 20 ～ 40 毫升乙烯利药液对水 1 升的乙烯利喷洒植株，可提早 4 ～ 6 天采收。

（七）抑制徒长

番茄夏季生产中，育苗期正值高温多雨季节，高温高湿使得幼苗很容易徒长，如何控制徒长是夏季番茄育苗的关键所在。

生产上防止蔬菜徒长的化学调控手段主要是采用植物生长抑制剂或延缓剂。在番茄幼苗 3 ～ 4 片真叶期，用矮壮素 0.5 克对水 1 升或丁酰肼（比久）4 克对水 1 升，或多效唑 0.015 ～ 0.025 克对水 1 升进行叶面喷施，可防止幼苗徒长，起到壮苗作用。近几年，为了更有效地控制徒长，也有的农民将处理期提前到幼苗一叶一心，但要更多地注意把握好处理浓度。

七 主要病虫害与绿色防控技术

（一）猝倒病

1 症状　猝倒病主要发生在番茄苗期。幼苗感病后在茎基部呈水浸状软腐倒伏，即猝倒。番茄苗初感病时秧苗呈暗绿色，感病部位逐渐缢缩，病苗成片折倒死亡。染病后期茎基部变成黄褐色干枯。

2 发病原因　病菌主要以卵孢子在土壤表层越冬。条件适宜时产生孢子囊释放出游动孢子侵染幼苗。通过雨水、浇水和病土传播，带菌肥料也可传病。低温高湿条件下容易发病，土温 10 ～ 13℃，气温 15 ～ 16℃病害易流行发生。播种、移栽或苗期浇大水，又遇连阴天低温环境发病重。

3 生态防治　清园切断越冬病残体组织，穴盘育苗尽量采用未使用过的蛭石或灭菌消毒的营养土，或用大田土和腐熟的有机肥配制育苗营养土，或采用配制好的营养块育苗。严格限制化肥用量，避免烧苗。合理分苗，密植、控制湿度、浇水是关键。应降低棚室湿度。苗床土注意消毒及药剂处理。

4 药剂防治

◎ 种子药剂包衣：选 6.25% 亮盾悬浮剂种衣 10 毫升，对水 150 ～ 200 毫升包衣 3 ～ 4 千克种子，可有效预防苗期猝倒病和其他苗期病害。

◎ 苗床土药剂处理：取大田土与腐熟的有机肥按 6：4 混均，并按每立方米苗床土加入 68% 精甲霜灵·锰锌水分散粒剂 100 克和 2.5% 咯菌腈悬浮剂 100 毫升拌土一起过筛混匀。用这样的土装入营养体或作苗床土表土铺在育苗畦上，可以考虑在种子包衣播种覆土后用 600 倍液的

68% 精甲霜灵·锰锌水分散粒剂药液进行土壤封闭。

◎ 药剂淋灌：可选择 68% 精甲霜灵·锰锌水分散粒剂 500 ～ 600 倍液（折合每 100 克药水对 45 ～ 60 升），或 72% 霜霉威水剂 800 倍液等对秧苗进行淋灌或喷淋。

（二）茎基腐病

1 症状 茎基腐病是秧苗移栽田间后在缓苗到生长期的病害。发病是在地上部刚出土表的部位。茎秆基部缢缩变暗黑腐烂。拔出病苗根系良好，只是接触地表部分病变。秧苗因茎秆基部输导组织感病出现营养供应不足逐渐萎蔫而死亡。生产中保护地棚室、越夏种植方式的番茄均有发生。此病主要与栽培方式、施肥的腐熟情况，浇水的时间、水量有关。定植后的生长发育期感病除茎基部变褐黑色坏死外，病部以上叶片变黄褐色，逐渐枯死，叶片多残留在枝干上不脱落。

2 发病原因 病原为腐生疫霉菌，卵孢子随病残体越冬。高温高湿、多雨、低洼黏重的土壤发病重。通过浇水、雨水传播蔓延，进行再侵染。种植中平畦定植番茄，浸浇大水，加之使用未腐熟的有机肥地面感染随水污染秧苗、定植时浇水温差大，夏季气温较高，秧苗长时间在炎热高温污水环境下浸泡和蒸腾造成茎基腐病大发生。严重损失的秧苗占 3 ～ 4 成，造成缺苗断垄，毁种现象发生普遍。

3 生态防治

◎ 高垄栽培：浇水时浸浇小水。高温季节采用高垄栽培浇水可以避免井水的冷刺激，井水从沟中浸水到垄上水温已经缓和，不会造成秧苗茎秆基部的温度剧烈刺激，降低幼苗的抗病性，也不会受浸泡的干扰感病。

◎ 把好浇水关：定植当天早晨早浇水。越夏种植的番茄，一般定植时间多在 7 月下旬或 8 月初。此时的天气温度正值北方的高温盛夏季节，棚室的温度可高达 60℃左右，低温也在 50℃左右，地下抽上来的井水温度一般在 15℃左右，中午浇水会对定植的秧苗在大于 40℃土壤环境里直接冷刺激，给本已因移栽幼嫩秧苗弱而易损害的状况，又加刺激，病菌就会乘虚而入。因此，越夏栽培的浇水可尽量提早在清晨以减少温差。早春栽培时应尽可能棚膜晒水以提温浇苗。

◎ 基肥深施入土：将腐熟好的有机肥与秸秆等一起深施入土，耙整好，避免有机肥，尤其是没有腐熟好的圈肥暴露在土壤表层，以减少因高温产生有害气体对秧苗造成危害和污染。

◎ 清除病残体，及时排水。

4 药剂防治

◎ 营养土消毒配方参考猝倒病救治方法。

◎ 移栽前淋灌或浸盘：除在育苗时配好消毒苗床土消毒防治茎基腐病及苗期病害外，在移栽田间前应对定植苗进行预防用药。对苗盘、育苗的番茄可以用配好的 68% 精甲霜灵·锰锌水分散粒剂 600 倍液进行浸盘浸根防治，即将配好的药液放置在一个大盆或开放的方形容器里，将苗盘放置盆中浸泡，以药液浸透为适宜，充分吸取药液后即可移栽。最好在移栽前淋灌主动预防效果好一些。

◎ 定植前的地面药剂处理土壤表面防控方案：即配制 68% 精甲霜灵·锰锌水分散粒剂 500 倍液，或 72% 霜脲·锰锌可湿性粉剂 800 倍液，或 25% 双炔酰菌胺悬浮剂 1 000 倍液，或 72.2% 霜霉威水剂 600 倍液，或 66.8% 霉多克可湿性粉剂等喷雾或淋灌。

◎ 发病后的救治：保苗救秧。可选用可选用 68% 精甲霜灵·锰锌水分散粒剂 600 倍液，或 68.75% 氟吡菌胺·霜霉威悬浮剂 800 倍液 +25% 嘧菌酯悬浮剂 3 000 倍液淋喷。

> 对定植田间的定植穴坑进行封闭土壤表面喷施，而后进行秧苗定植，这种方法是当前菜农科技示范户生产操作中最有效的防控黑茎基腐病（根黑脚脖病）的经验。

（三）灰霉病

1 症状　番茄灰霉病是棚室冬春季节栽培、越冬栽培番茄重要病害之一。主要为害花幼果和叶片。感染灰霉病的叶片，病菌先从叶片边缘侵染，呈典型性"V"字形病斑。病菌从花期侵染，病菌残留在柱头，继而向青果、果面、果柄扩展，致使感病青果呈灰白色，软腐，长出大量灰绿色霉菌层。近年来，随着国外硬果型番茄品种的引入，这种特菜品种感染灰霉病的特点是病果从果皮直接侵染，形成外缘白色、中间绿色，直径 3～8 毫米的俗称"鬼脸斑"的病果，是国内品种中不常见的一种灰霉病症状。

2 发病原因 灰霉病菌以菌核或菌丝体、分生孢子在病残体上越冬、越夏。病原菌属于弱寄生菌，从伤口、衰老的器官和花器侵入。番茄蘸花后不易脱落的花瓣、柱头是容易感病的部位，致使果实感病软腐。花期是灰霉病侵染高峰期。借气流传播和农事操作传带进行再侵染。适宜发病气温 20 ～ 23℃，相对湿度 90% 以上低温高湿、弱光有利于发病。大水漫灌又遇连阴天或阴霾天气、雾天均是诱发灰霉病的重要因素。密度过大、放风不及时、氮肥过量造成碱性土壤缺钙、生长衰弱均利于灰霉病的发生和扩散。

3 生态防治

◎ 保护地棚室要高畦覆地膜栽培，地膜下渗浇小水。有条件的可以考虑采用滴灌措施，节水控湿。

> 注意不要在阴雨天气进行整枝打杈。合理密植、高垄栽培、控制湿度是关键。

◎ 加强通风透光，尤其是阴天除要注意保温外，严格控制灌水，严防过量。早春将上午放风改为清晨短时间放湿气，清晨尽可能早地放掉棚室里的雾气，其方法是：尽可能大地拉开棚膜风口，人不要走开，待棚里雾气排清，尽快进行湿度置换，空气透明度提高后，迅速合上风口从而加快提温有利于番茄生长。

◎ 及时清理病残体、摘除病果、病叶和侧枝。清除集中烧毁和深埋病枝蔓。氮磷钾肥均衡施用，育苗时苗床土注意消毒及药剂处理。

4 药剂防治

◎ 因番茄灰霉病是花期侵染，番茄蘸花时的药剂预防作用就非常重要。其配药方法是：将配好的蘸花药液，例如

> 建议采用番茄病虫害保健性防控整体解决方案。

番茄灵、果霉宁、2，4-D 蘸花药液中每 1 500 ～ 2 000 毫升加入 10 毫升 2.5% 咯菌腈悬浮剂或 50% 啶酰菌胺水分散粒剂 2 ～ 3 克，或 50% 咯菌腈可湿性粉剂 2 克等进行蘸花或涂抹，使花器均匀着药，也可单一用保果宁 2 号、丰收 2 号保花药每袋药对水 1.5 升充分搅拌后直接喷花或浸花。果实膨大期至花生粒大小时需要进行重点对幼果灰霉病进行绝杀喷雾。

◎ 喷雾施药法：可采用 50% 咯菌腈可湿性粉剂 3 000 倍液，或 50% 嘧霉环胺水分散粒剂 1 200 倍液对着幼果进行重点喷雾。

◎ 单独进行灰霉防治时可选用 25% 嘧菌酯悬浮剂 1 500 倍液 +50%

咯菌腈可湿性粉剂 5 000 倍液喷施预防。

◎ 重度发生时摘除病果后对所有植株和茎叶进行 50% 嘧霉环胺水分散粒剂 1 200 倍液，或 50% 啶酰菌胺水分散粒剂 1 000 倍液，或 50% 多霉清可湿性粉剂 800 倍液等喷雾。

（四）早疫病

1 症状 番茄早疫病主要侵染叶、茎、果实。典型性症状是形成具有同心轮纹的不规则的轮纹型病斑。一般叶片受害严重，发病初期针尖似的小黑点，不断扩展成轮纹状斑。边缘多具浅绿色或黄色晕环，轮纹表面稍有凹陷为椭圆形或梭形病斑，感病部位生有刺状不平坦物，潮湿时病斑处长出霉状物。茎秆感病多在分叉处。果实感病多在花萼附近，初期为椭圆形或不规则褐黑色凹陷病斑，后期感病部位较硬，也生有黑色霉层。

2 发病原因 其病菌以菌丝和分生孢子在病残体和种子上越冬，从植物表皮、气孔直接侵入。借助气流和灌溉水进行传播。棚室温度 21℃左右，相对湿度 70% 以上连续 2 天以上时病害易流行。坐果期，浇水多，通透气差，病害发生严重。早春番茄开花初期是感染早疫的发病高峰，此时正值多雾、高湿、棚室温度不好把握的敏感阶段。秋延后种植的番茄移栽结果初期感病，此时正值秋爽，气温渐凉，遇大水漫灌或高湿环境易感病重。

3 生态防治

◎ 选用抗病品种：选浙粉 704、金盾、惠裕、正粉 5 号、齐达利、意佰芬、荷兰 8 号等较抗（耐）病品种。

◎ 把握好移栽定植后的棚室温湿度，注意通风，不能长时间闷棚。

4 药剂防治

◎ 预防可以选用 75% 百菌清可湿性粉剂 600 倍液，或 25% 嘧菌酯悬浮剂 1 500 倍液，或 32.5% 吡唑萘菌胺·嘧菌酯悬浮剂 1 500 倍液，或 42.8% 氟吡菌酰胺·肟菌酯悬浮剂 1 500 倍液，或 42.4% 氟唑菌酰胺·吡唑醚菌酯悬浮剂 1 500 倍液，或 80% 代森锰锌可湿性粉剂 500 倍液，或 32.5% 苯醚甲环唑·嘧菌酯悬浮剂 1 500 倍液，或

> 建议采用番茄病虫害保健性防控整体解决方案。

56%百菌清·嘧菌酯悬浮剂1 200倍液，或70%甲基硫菌灵可湿性粉剂600倍液，或50%丙森锌可湿性粉剂600倍液。

◎ 治疗防治药剂可用10%苯醚甲环唑水分散粒剂1 500倍液，或25%嘧菌酯悬浮剂1 500倍液，或32.5%苯醚甲环唑·嘧菌酯悬浮剂1 200倍液、喷施或喷淋和涂抹茎蔓病部，尤其是果柄部位感病植株以32.5%苯醚甲环唑·嘧菌酯悬浮剂800倍液涂抹病部效果更好。

（五）晚疫病

1 症状 番茄晚疫病是一种低温高湿流行性病害。早春和晚秋保护地和陆地多雨温差大的季节容易大发生和流行，大发生时会造成严重减产或绝收。此病在番茄整个生育期中均有为害。它侵染幼苗、叶、茎和果实，以叶和果实为害最重。一般从棚室前端开始发病，先侵染叶片和幼果，逐渐向茎秆、叶柄蔓延致使其变黑褐色，重症植株会使病叶枯干垂挂在叶柄上。植株易萎蔫、折断。感病果实坚硬，凹凸不平，初期呈油浸状暗绿色，后变成暗褐色至棕褐色，一般情况下感病果实不变软和腐烂。湿度大时叶正背面病健交界处均可以看到白色霉状物。

2 发病原因 晚疫病菌主要在深冬季保护地栽培的番茄上和茄果类越冬。也可以在马铃薯块茎上越冬。也有在落入土中的病残体上越冬。其借气流和雨水传播到番茄植株上，从气孔和表皮直接侵入。保护地昼夜温差大、气温低于15℃，相对湿度高于85%时容易发病。连阴雨或多雾天气，栽培上过度密植，氮肥过重，平畦栽培，大水漫灌病害发生严重。

3 生态防治

◎ 选择抗病品种。如惠裕、齐达利、冬悦、中研998、浙粉702、东风4号等。

◎ 清园切断越冬病残体组织、合理密植、高垄栽培、控制湿度是关键。地膜下渗浇小水或滴灌。以降低棚室湿度、清晨尽可能早地放风——既放湿气，尽快进行湿度置换，以利快速提高气温。

◎ 氮磷钾肥均衡施用，育苗时苗床土注意消毒及药剂处理。

4 药剂防治

◎ 预防为主是防治晚疫病的技术关键。在掌握了发病规律的季节里

最好在未发病时喷药预防。药剂可选用
40%精甲霜灵·百菌清悬浮剂 1 000 倍液，
或 25% 双炔酰菌胺悬浮剂 1 000 倍液，或

> 建议采用番茄病虫害
> 保健性防控整体解决方案。

75% 百菌清可湿性粉剂 600 倍液（折合 100 克药 / 袋对水 60 升），或 25%
嘧菌酯悬浮剂 1 500 倍液，保健性预防。发现中心株后，应立即全面喷药，
并及时把病枝病叶病果摘除带出田间或棚外烧毁。药剂救治可选择 25%
嘧菌酯悬浮剂 1 500 倍液，控制流行速度 +68% 精甲霜灵·锰锌可分散粒
剂 600 倍液进行阻断性防控，或 25% 双炔酰菌胺悬浮剂 1 000 倍液 +68%
精甲霜灵·锰锌可分散粒剂 600 倍液（折合 100 克药 / 袋对水 45 升），或
64% 杀毒矾可湿性粉剂 600 倍液，或 72.2% 霜霉威水剂 800 倍液，重度发
生时 62.75% 银法利悬浮剂 800 倍液 + 嘧菌酯 1 000 倍液混合等喷雾、喷
淋或涂抹病部，尤其是感病植株茎秆以涂抹病部效果更好。

（六）叶霉病

1 症状 叶霉病在进口硬果型番茄品种中发生较重。主要侵染叶
片，叶片受害先从下部叶片开始发病，逐步向上部叶片扩展。叶片正面
先出现不规则浅黄色褪绿斑，叶背面病斑处长出初为白霉层，继而变成
灰褐色或黑褐色绒状霉层。高温高湿条件下，叶片正面也可长出黑霉，
随着病情严重发展叶片反拧卷曲，植株长势呈卷叶干枯症状。

2 发生原因 病菌以菌丝体在病残体内或以分生孢子附着在种子
上或以菌丝潜伏在种子表皮内越冬。借助气流传播，叶面有水湿条件即
可萌发，长出芽管经气孔侵入。高温高湿是叶霉病发生的有利条件。气
温 22℃，相对湿度大于 90% 时利于叶霉病的发生。温度在 30℃以上时
有抑制病菌的作用，可以考虑适当时机高温烤棚抑制病害流行。叶霉病
在春季番茄种植后期棚室温度升上来后遇湿度大时易发生，秋延后种植
的在前期秋夏气温略有下降时遇雨水或高湿环境易大发生流行。一些引
进硬果品种在中国种植时对叶霉病抗病性较弱，应引起注意。

3 生态防治

◎ 选用抗病品种：使用抗病品种是即抗病又节约生产成本的救治办
法。品种中有许多抗叶霉病的优良品种。一般抗寒性强的品种在抗叶霉
病方面相对较弱。可选用倍赢、抗病金棚、沈粉 3 号等相对抗病的品种。

◎ 加强对环境温、湿度的控制，将温度控制在28℃以下，相对湿度75%以下不利于发病的温湿条件内。适当通风增强光照。适当密植，及时整枝打杈通风透光，对已经开始转色的下部穗位的番茄果实周围及时去掉老叶，增加通风透气。配方施肥，尽量增施生物菌肥，减少因氮素过剩造成的叶霉病多发因素，以提高土壤通透性和根系吸肥活力。

4 药剂防治

◎ 喷雾施药可选用10%苯醚甲环唑水分散粒剂1 500倍液，或25%嘧菌酯悬浮剂1 500倍液，或32.5%吡唑萘菌胺·

> 建议采用番茄病虫害保健性防控整体解决方案。

嘧菌酯悬浮剂1 500倍液，或42.8%氟吡菌酰胺·肟菌酯悬浮剂1 500倍液，或42.4%氟唑菌酰胺·吡唑醚菌酯悬浮剂1 500倍液，或80%山德生可湿性粉剂600倍液，或32.5%苯醚甲环唑·嘧菌酯悬浮剂1 200倍液，或2%加收米水剂600倍液，或70%甲基托布津可湿性粉剂500倍液。

◎ 生长后期重度发生时可以考虑施用25%苯醚甲环唑·丙环唑乳油3 000倍液，或32.5%吡唑萘菌胺·嘧菌酯悬浮剂1 000倍液，或42.8%氟吡菌酰胺·肟菌酯悬浮剂1 000倍液，或40%福星乳油4 000～6 000倍液等喷雾。

（七）灰叶斑病

1 症状 番茄灰叶斑病中不是国内传统的栽培品种主要病害，但随着我国引进国外硬果型番茄品种在中国的普及推广，在一些硬果型番茄中灰叶斑病已经成为重要发生病害。

灰叶斑病菜农生产中也称作番芝麻斑病。其主要为害中叶片，重症时也侵染叶柄。发病初期叶面布满浅褐色小圆点，病斑水浸状呈不规则状，病斑中部为灰褐色至黄褐色，病斑边缘为浅黄褐色晕圈，病斑凹陷直径2～5毫米，后期病斑易穿孔。

2 发病原因 病菌以菌丝体随病残体在田间越冬，分生孢子借气流、灌溉水、雨水反溅传播，从气孔侵入。温暖潮湿，阴雨天气及密植、窝风环境易发病。大水漫灌，湿度大，肥力不足，植株生长衰弱发病严重。一般春季保护地种植比秋季发病几率高，流行速度快，硬果种植基地因其品种产量高，需投入足量的有机肥和复合肥，相反因肥力不当、管理粗放而造成病害流行损失不可避免，应引起高度重视，提早预防。

❸ 生态防治

◎ 合理密植，引进品种一般要比国内常种的品种密度要小，产量却高一些。

◎ 应适当增施生物菌肥、磷钾硼肥。

◎ 加强田间管理，降低湿度，增强通风透光，收获后及时清除病残体，并进行土壤消毒。

❹ 药剂防治

◎ 预防采用 25% 嘧菌酯悬浮剂 1 500 倍液，或 56% 百菌清·嘧菌酯悬浮剂 1 200 倍液或 32.5% 苯醚甲环唑·

> 建议采用番茄病虫害保健性防控整体解决方案。但此病突发性强，防不胜防。

嘧菌酯悬浮剂 1 200 倍液，或 32.5% 吡唑萘菌胺·嘧菌酯悬浮剂 1 500 倍液保健性预防措施会有非常好的效果。

也可选用 75% 百菌清可湿性粉剂 600 倍液，或 10% 苯醚甲环唑水分散粒剂 1 500 倍液，或 80% 山德生可湿性粉剂 600 倍液，或 42.8% 氟吡菌酰胺·肟菌酯悬浮剂 1 000 倍液，或 42.4% 氟唑菌酰胺·吡唑醚菌酯悬浮剂 1 500 倍液喷雾。

（八）溃疡病

❶ 症状 幼苗、茎秆至幼果及结果盛期均可感染溃疡病。病菌通过植株的输导组织韧皮部和髓部进行传导和扩展，在主茎上形成灰白色至灰褐色病斑。剖开茎秆可见茎内褐变，向上下两边扩展。感病后期茎秆基部变粗，茎干上有疱斑，秆内中空病斑下陷或裂开。潮湿条件下病茎和叶柄会有溢出菌脓，重症时会全株枯死。植株上部呈萎蔫青枯状。叶片边缘褪绿萎蔫或干枯。果实染病可见果面隆起的白色圆点，每一个圆斑中央有一个微小的浅褐色木栓化突起，成为"鸟眼斑"，几个鸟眼斑连在一起在果面形成病区。

不同的季节和栽培条件下，番茄溃疡病的发生症状不尽相同。早春移栽及整枝打杈和高湿环境会造成枝茎和叶片感病。

> 鸟眼斑是诊断番茄溃疡病害的典型性症状。

夏播多雨季节，有喷灌的大棚和温室，果实易感病。近年来引进硬果型品种发生较重。

2 发病原因 病菌可在种子内、外和病残体上越冬，土壤中可存活2～3年。病菌主要从伤口侵入，包括整枝打杈时损伤的叶片、枝干和移栽时的幼根，也可从幼嫩的果实表皮直接侵入。由于种子可以带菌，其病菌远距离传播主要靠种子、种苗和鲜果的调运；近距离传播靠雨水和灌溉。保护地大水漫灌会使病害扩大蔓延，人工农事操作接触病菌或溅水也会传播。长时间结露和暴雨天气发病重。保护地、露地均可发生。

3 生态防治

◎ 种子消毒可以温水浸种；55℃温水浸种30分钟或70℃干热灭菌72小时。

◎ 清除病株和病残体并烧毁，病穴撒入石灰消毒。采用高垄栽培，严禁带露水或潮湿条件下的整枝打杈等农事操作。

4 药剂防治

◎ 预防番茄溃疡病或用硫酸链霉素200毫克/千克种子药液浸种2小时。

◎ 预防溃疡病初期可选用47%春雷·王铜可湿性粉剂500倍液，或77%可杀得3 000可湿性粉剂500倍液喷施或灌根。

◎ 用每亩3～4千克撒施硫酸铜浇水处理土壤可以预防溃疡病，使用细菌灵喷雾或涂抹枝干和伤口也不错。

（九）病毒病

1 症状 番茄病毒病的感病症状有花叶、条斑、丛枝（黄顶）、蕨叶、癌肿（巨芽）、卷叶等多种病型症状。生产中最常见的主要为花叶、丛枝黄顶型。花叶型病毒病的典型性症状是叶片上出现黄绿相间或深浅斑驳、叶脉透明、叶子皱缩等不正常现象，植株略矮些。蕨叶型病毒症状是植株不同程度地出现矮化现象。叶片由上而下的出现全部或部分的线状，底部叶片向上卷叶。条斑型病毒病症状是在叶、茎、果实上出现不同形状的条斑、斑点、云纹皱缩褐色坏死斑。有些感病植株的症状是复合发生，一株多症的现象很普遍。

2 发病原因 病毒是不能在病残体上越冬的，只能靠冬季尚还生存、保护地种植的蔬菜或多年生杂草、蔬菜种株作寄主存活越冬。翌年在现存活寄主上发病传播，再由蚜虫、飞虱取食传播，因此，蚜虫、粉虱是病毒病害发展蔓延的重要传毒途径。高温干旱有利于蚜虫繁殖和传毒，进而病毒病发生严重病毒增殖快，发病重。管理粗放，田间杂草丛生和紧邻十字花科留种田的地块发病重。因此，防治病毒病铲除传毒媒介非常关键。

3 生态防治 选用抗病品种和防控烟粉虱是防治该病毒病的两大关键措施，两者缺一不可。

◎ 选用抗病毒品种，如齐达利、惠丽、金盾、正粉5号、意佰芬、浙粉704、荷兰8号、金棚10号、迪芬尼等。

◎ 加强田间管理。包括肥水管理、及时整枝打杈等栽培措施，促进植株健壮生长，也可喷施叶绿宝、芸薹素内酯、古米钙、瑞培绿等营养剂，提高植株的抗病能力。

◎ 清洁田园：生育期间发现感病植株，及时拔除并掩埋。作物收获后，彻底清除植株秸秆、落叶和周边的各种杂草，保持田间卫生，减少虫源。

◎ 设施棚室栽培时还要做好棚室的熏杀残虫工作，防止烟粉虱扩散传毒。

间作：根据烟粉虱的取食习性，与烟粉虱更加偏爱的一些寄主植物进行间作，可以降低番茄作物上烟粉虱的虫口密度。采用番茄与黄瓜间作的栽培方式，可以显著降低番茄黄化卷叶病病毒病的发病率。

设置防虫网：育苗及定植棚室均设置60目的防虫网，严防烟粉虱侵入。若设施内温度过高，可以在下部风口处使用

> **防控烟粉虱：** B型烟粉虱抗药性很强，必须采用物理、化学和生物防治的综合措施，以生长发育前期为重中之重。

60目防虫网，上部风口处仍使用40目防虫网。棚室栽培的番茄，风口加设40目防虫网，棚顶上风口仍然需要设置防虫网，大棚门也要吊挂防虫网帘，操作人员出入要快出快进，不要敞开网帘，尽量减少飞虱进入棚室的机会。需要对烟粉虱严防死守，阻断隔绝。

设置诱杀黄板：利用烟粉虱的趋黄习性，在栽培田内悬挂黏着黄板，诱杀烟粉虱。

保护利用天敌：在世界范围内烟粉虱有 45 种寄生性天敌，62 种捕食性天敌，其中对烟粉虱影响较大的天敌是丽蚜小蜂。在栽培田内人工释放丽蚜小蜂，可有效控制烟粉虱的为害。

4 药剂防治

◎ 秧苗淋灌，灌根用药可用强内吸剂 35% 噻虫嗪悬浮剂 3 000 倍液，或 70% 噻虫嗪悬浮剂一次性灌根防治，持效期可长达 25～30 天。方法是在移栽前 2～3 天，也可采用上述药剂喷淋幼苗，使药液除喷叶片以外还要渗透到土壤中。平均 1 平方米苗床喷药液 2～3 千克或 10～20 克药对水 15 升喷淋 10 平方米穴盘苗有很好治虫预防病毒作用。

> 从封闭棚室开始对烟粉虱零星发生就进行喷施用药。用药剂杀灭大量留存棚室里的烟粉虱后，可以吊挂黄板诱杀，保持设施棚里不受烟粉虱骚扰传毒威胁。交替用药，避免产生抗药性。

◎ 喷施用药可选用 25% 噻虫嗪水分散粒剂 2 000 倍液，或 22.45% 噻虫嗪·高效氯氟氰菊酯微囊悬浮剂 3 000 倍液，或 10% 吡虫啉可湿性粉剂 1 000 倍液，或 2.5% 高效氯氟氰菊酯水剂 1 500 倍液灭虱灭蚜。

◎ 苗期可选用 20% 病毒 A 可湿性粉剂 500 倍液，或 1.5% 植病灵乳油 1 000 倍液等进行喷施有一定的抑制作用。

（十）线虫病

1 症状
番茄线虫病菜农俗称"根上长土豆"的病。其主要为害植株根部或须根。根部受害后产生大小不等的瘤状根结，剖开根结感病部位会有很多细小的乳白色线虫埋藏其中。植株地上部分会因发病致使生长衰弱，中午时分有不同程度的萎蔫现象，并逐渐枯黄。

2 发病原因
线虫生存在土壤 5～30 厘米的土层之中。以卵或幼虫随病残体遗留在土壤中越冬。借病土、病苗、灌溉水传播可在土中存活 1～3 年。线虫在条件适宜时由寄生在须根上的瘤状物，即虫瘿或越冬卵，孵化形成幼虫后在土壤中移动到根尖，由根冠上方侵入定居在生长点内，其分泌物刺激导管细胞膨胀，形成巨型细胞或虫瘿，称根结。田间土壤的温湿度是影响卵孵化和繁殖的重要条件。一般喜温蔬菜生长发育的环境也适合线虫的生存和为害。随着北方深冬季种植番茄面积扩大和种植时间的延长，越冬保护地栽培番茄给线虫越冬创造了很好的生存条件。连茬、重茬的种植棚室番茄，发病尤其严重。越冬栽培番茄的产区线虫病害发生普遍，已经严重影响了番茄生产和经济效益。

3 生态防治

◎ 冬季断茬，水灌深翻冻晒，自然死亡法：打破线虫周年食物链和生存环境，利用冬季摄氏零下温度，减少线虫生存数量。

◎ 秸秆生物反应堆技术：在连续种植番茄的棚室，土传病害逐年严重，造成减产。如青枯病、枯萎病、茎基腐及根结线虫等病日益加重。利用秸秆生物反应堆及高温闷棚技术不仅能有效防治这些土传病害，还能改善土壤结构、增高地温、增加棚内 CO_2 浓度。

秸秆生物反应堆建造

按照日光温室的种植习惯，南北向挖沟，沟宽 80 厘米，深 45～50 厘米，长度与温室的种植行相同，挖沟时间在每年的 7～8 月，正处夏季高温委节，沟挖好后，沟内填麦秸至沟深的 1/2 处时，踩压找平。以种植面积 667 平方米计，每亩施秸秆速腐菌种 2 千克，随之加第二层麦秸，再撒 4～5 千克菌种，然后覆土 3～4 厘米，沟内灌水以充分湿透秸秆为宜，然后以 30 厘米 ×40 厘米距离打孔，孔径 3～4 厘米，发菌 7～8 天，再进行第 2 次覆土，覆土厚度控制在 30 厘米左右，结合第 2 次覆土可施入腐熟圈肥，每亩地 7 000～8 000 千克，鸡粪 2～3 立方米，在做小高垄之前施入尿素 30 千克，磷酸二铵 40 千克，硫酸钾 10 千克，小高畦做好后再一次打孔。秸秆速腐菌属好气性微生物，只有在有氧条件下，菌种才可能活动旺盛，发挥其功效。因此，在建设秸秆反应堆的过程中，打孔是非常关键的措施。

◎ 棚室高温闷棚：水淹土壤灭菌。番茄拉秧后的夏季，土壤深翻 40～50 厘米混入沟施生石灰每亩 200 千克，可随即加入松化物质秸秆每亩 500 千克，挖沟浇大水漫灌后覆盖棚膜高温闷棚，或铺施地膜盖严压实。15 天后可深翻地再次大水漫灌闷棚持续 20～30 天，可有效降低线虫病的为害。处理后的土壤栽培前注意增施磷、钾和生物菌肥。

4 药剂防治

◎ 无虫土育苗：选大田土或无病虫的土壤与不带病残体的腐熟有机肥 6 : 4 比例混均 1 立方米营养土加入 1.8% 阿维菌素乳油 100 毫升混均用于育苗。如果使用本棚育苗，建议把育苗盘或营养钵架起来，不使育苗土或根系接触地面，减少幼苗根系感染。

◎ 处理土壤：定植前沟施 10% 噻唑磷颗粒剂 1.5 ~ 2 千克 / 亩，施后覆土、洒水封闭盖膜一周后松土定植，或 10% 噻唑磷（施立清）颗粒剂 1.5 ~ 2 千克 / 亩，沟施用药。

◎ 对已经定植的植株生长早期可以进行灌根，每株 1 ~ 2 克抓穴灌水施药，但是必须在采摘前 40 天施用。

八 生理性病害防治

（一）缺钾症

1 症状 钾可在植株体内移动，植株缺钾时老叶的钾就会移动到生长旺盛的新叶，从而导致老叶缺钾。在生长早期，叶缘出现轻微的黄化现象，继而叶缘枯死，随着叶片不断生长，叶向外侧卷曲；其症状品种间的差异显著。缺钙的症状首先出现在上位叶，叶缘完全变黄时多为缺钾。果实会因钾的缺乏和分布不均影响体内糖分储备和细胞的渗透压，使果实呈现绿肩果。

2 发病原因 虽然氮、钾肥在复合肥的施入量常相同，但是番茄中钾的吸收量是氮肥的 1 ~ 2 倍。因此，在施入有机肥不足，补充含有氮、钾的复合肥时，连年种植地块，钾会越来越少，生长后期出现缺钾现象经常发生。磷肥的过量施用会导致钾肥的减少。在沙性土壤栽培时易缺钾。有机肥和钾肥施用量小，满足不了生长需要时；地温低、湿度大、日照不足，阻碍了钾的吸收；施用氮肥过多，会影响对钾肥的吸收。

3 救治方法 使用足够的钾肥，特别在生育的中、后期，注意不可缺钾；每株对钾的吸收量平均为 7 克，确定施肥量要考虑这一点；施用充足的优质有机肥料；如果钾不足，每亩可一次追施生物速效钾肥 3 ~ 5 千克。

缺钾时也会影响铁的移动、吸收。因此，补充钾肥的同时，应该补铁，二者同时进行。可用 0.3% ～ 1% 硫酸钾、氯化钾喷施，或施用生物钾肥及时补充速效钾。

（二）缺镁症

1 症状　在生长发育过程中，下位叶的叶脉间叶肉渐渐失绿变黄，进一步发展，除了叶缘残留点绿色外叶脉间均黄化；当下位叶的机能下降，不能充分向上位叶输送养分时，其稍上位叶也可发生缺镁症；缺镁症状和缺钾相似，区别在于缺镁是先从叶内侧失绿，缺钾是先从叶缘开始失绿。缺镁症在不同番茄品种间发生程度、表现症状有差异。

2 发病原因　镁是植株体内所必需的元素之一。由于施氮肥过量，造成土壤呈酸性影响镁肥的吸收，或钙中毒造成碱性土壤也应影响镁的吸收从而影响叶绿素的形成，造成叶肉黄化现象。低温时，氮、磷肥过量，有机肥的不足也是造成土壤缺镁的重要原因。根系损伤对养分的吸收量的下降，其引起最活跃叶片缺镁吸收的现象也是不容忽视的。土壤中含镁量低的沙土、沙壤土及未施用镁肥的露地栽培地块易发生缺镁。

3 救治方法　增施有机肥，合理配施氮、磷肥，配方施肥非常重要，及时调试土壤酸碱度改良土壤避免低温。若缺镁，在栽培前要施足够镁肥，例如生产中随底肥施入中量元素硼镁锌钙肥（昆卡中量元素肥1 千克）效果好。应该注意土壤中钾、钙含量，保持土壤适当的盐基水平补镁的同时应该加补钾肥、锌肥，多施含镁、钾肥的厩肥。叶片可喷施 1% ～ 2% 的硫酸镁和螯合镁、螯合锌等。

（三）缺钙症（脐腐病）

1 症状　钙素在植株体内不易转移，缺钙时新叶黄化，首先是幼叶叶缘失水，继而叶片干枯变褐。果实病斑果面初期呈水浸状暗绿色，逐步发展为深绿色或灰白色凹陷。成熟后斑点褐变不腐烂。

2 发病原因　由植株缺钙引起，虽然土壤中不缺钙离子，但是，连续多年种植番茄的棚室，若过量施用氮磷钾肥会造成土壤盐分过高，引发缺钙现象发生。干旱时，土壤浓度浓缩，减少根系吸水，抑制钙离子的吸收，造成果实成熟时体内糖分不均衡分布，糖转化失调，造成缺糖部位木栓化不转色的凹陷斑。盐渍化障碍、高温、干旱和旱涝不均的粗放管理也是影响钙吸收量的主要原因。根群分布浅，生育中后期地温高时，易发生缺钙。

❸ 救治方法 增施有机肥，增加腐熟好的腐殖质含量高的松软性肥料，加强土壤的透气性改变根系的吸收环境。调节土壤的 pH 值至中性，酸性土壤及时补充石灰质肥料。尽量避免连年多茬种植同一种作物。肥水管理上应避免过量施用氮肥和含有隐性氮肥的复合冲施肥，随底肥增施水溶性钙镁肥。适当保持土壤含水量，可以考虑使用一些具有保水功能的松土精或阿克吸保水剂。

果实膨大期可叶面喷施速效钙肥或 0.1% ~ 1% 的氯化钙，稍加入少量的维生素 B_6，可防止高温强光下形成的过量草酸，对预防缺钙有较好效果。

（四）缺硼症（皮囊果）

❶ 症状 缺硼的新叶停止生长，生长点附近的节间显著缩短。上位叶向外侧卷曲，叶缘部分变褐色。叶缘黄化并向叶缘纵深枯黄呈叶缘宽带症、果皮组织龟裂、硬化。停止生长的果实典型性症状是即生产中常说的网状木栓化果。

❷ 发病原因 硼可参与碳水化合物在植株体内的分配，缺硼时生长点坏死，花器发育不完全。新叶生长、茎与果实因生长停止，叶缘黄化并向叶缘纵深枯，大田作物改种植甜瓜后容易缺硼。多年种植甜瓜连茬，重茬，有机肥不足的碱性土壤和沙性土壤，施用过多的石灰降低了硼的有效吸收，以及干旱、浇水不当，施用钾肥过多，钾肥过剩都会造成硼缺乏。

缺硼时，并不对吸收钙的量产生直接影响，但缺钙症是伴有缺硼症发生。

❸ 救治方法 改良土壤，多施厩肥增加土壤的保水能力，合理灌溉。

底肥施足硼肥，如持效硼，叶面喷施速乐硼、新禾硼或 0.1% ~ 0.2% 的硼砂或硼酸液。注意配置时，将硼砂先置于 60 ~ 70℃水中溶解后，再稀释至规定浓度。

九 番茄病虫害保健性防控整体解决方案（整体防控大处方）

（一）春季设施番茄保健性防控方案（2～6月）

定植前药剂封闭土壤表面，即配制68%精甲霜灵·锰锌水分散粒剂500倍液，对定植田间定植穴坑进行封闭土壤表面喷施，有效防控黑根黑脚脖病（茎基腐病）然后再进行如下系统化施药防控程序。

移栽田间缓苗后，7～10后开始喷药。

第一步：喷75%百菌清可湿性粉剂1次，每袋100克药对水45升，7～10天1次。

> 可全面预防秧苗期各种病害，百菌清药性温和，不伤花、不易出药害。
> **番茄秧苗—开花前期**

第二步：根灌25%嘧菌酯悬浮剂，每亩施用50毫升嘧菌酯制剂对水75升，30天/次。

> 可全面防控番茄叶霉病、灰霉病、早晚疫病。初花期是阿米西达免疫性防病的关键用药时期。
> **番茄第一穗开花坐果期**

第三步：喷50%咯菌腈可湿性粉剂3 000倍液1次，每袋3克制剂对水15升，14天1次。必须使用咯菌腈制剂3 000倍液或施佳乐（400克/升嘧霉胺悬浮剂）1 200倍液喷幼果，以保证最佳防治效果。

> 重点防控番茄灰霉病的发生，需要对番茄幼果进行灰霉病菌绝杀。
> **番茄第一穗坐果的幼果期和第二穗开花期**

第四步：喷阿加组合1次。即25%嘧菌酯悬浮剂+47%春雷·王铜可湿性粉剂1次，每10毫升嘧菌酯制剂+30克春雷·王铜制剂对水15升，15～20天1次。

> 重点防控番茄初果穗期溃疡病和灰霉病、晚疫病害的发生。
> **番茄第一穗幼果膨大期和第二穗幼果期，第三穗花期**

第五步：灌根 25% 嘧菌酯悬浮剂 1 次 120 毫升 / 亩，每瓶 100 毫升制剂对水 150 升灌根，30 ～ 50 天 /1 次。（盛果期，番茄植株和叶片果实基本长成，搭好丰收促产的基本架构）。

重点是加强免疫性预防、壮秧，盛果期，保秧保果。

番茄第一穗幼果初长成，第二三穗幼果膨大期和第四岁穗开花期

↓

第六步：喷施 32.5% 吡唑萘菌胺·嘧菌酯悬浮剂（绿妃）1 500 倍液 10 ～ 14 天 1 次。

主要使用内吸性杀菌剂防控番茄叶霉病、灰叶斑病等因温室大温差易发生的各种病害。

为成熟转色陆续上市收获期保驾护航。

（二）秋季设施番茄保健性防控方案（7 ～ 10 月）

移栽田间缓苗后开始 7 ～ 10 天后开始喷药。

第一步：沟施撒药土。移栽前每亩随定植沟撒施 30 亿个活芽孢 / 克枯草芽孢杆菌可湿性粉剂 1 000 克拌药土于沟畦中。

强健根系，刺激根系活性。

↓

第二步：定植后对植株地面喷淋 68% 金雷水分散粒剂 500 倍液，或 62.5 克 / 升亮盾悬浮种衣剂 20 毫升对水 15 升。

土壤表面进行药剂封闭处理：喷施穴坑或垄沟。

此步防控番茄茎基腐病和立枯病。

↓

第三步：根灌 25% 嘧菌酯悬浮剂 1 次每袋 10 毫升对水 15 升，喷施 50 ～ 60 毫升 / 亩，35 天 / 次。

此步加强保健性防控叶霉病和早期灰叶斑病，壮秧、保果。

第四步：喷"阿加组合"1 次。即 25% 嘧菌酯悬浮剂 +47% 春雷·王铜可湿性粉剂 1 次，每 10 毫升嘧菌酯制剂 +30 克春雷·王铜制剂）对水 15 升，15 ～ 20 天 1 次。

此步加强防控番茄果穗期溃疡病和叶霉病和灰叶斑病的发生，阿米西达免疫性防病关键用药时期。

第五步：喷 32.5% 吡唑奈菌胺·嘧菌酯悬浮剂 1 次或苯醚甲环唑制剂 1 袋（10 克）对水 15 升，7 ～ 10 天 1 次。或 25% 双炔酰菌胺悬浮剂 1 000 倍液。

看雨水情况选择苯醚甲环唑防叶霉病或者是双炔酰菌胺防晚疫病。

第六步：灌根嘧菌酯 1 次 100 ～ 120 毫升 / 亩，即 25% 嘧菌酯悬浮剂对水 180 升淋灌植株或随小水冲灌，30 天 1 次。

此步是盛果期保驾护航，壮秧强果。

第七步：喷 32.5% 吡唑萘菌胺·嘧菌酯（绿妃）悬浮剂 1 500 倍液（30 毫升 / 亩）喷雾。此时基本采收后期。

注：春秋两季，有条件的园区，建议采用振荡授粉技术。

（三）越冬番茄保健性防控方案 （10月至翌年5月）

第一步：沟施撒药土。移栽前随定植沟撒施30亿个活芽孢/克枯草芽孢杆菌可湿性粉剂1 000克拌药土于沟畦中。

> 强健根系，刺激根系活性。

第二步：定植后对植株地面喷淋68%金雷水分散粒剂500倍液（或62.5克/升亮盾悬浮种衣剂20毫升对水15升）土壤表面进行药剂封闭处理，喷施穴坑或垄沟。

> 此步防控番茄茎基腐病和立枯病。

第三步：根灌25%嘧菌酯（阿米西达）悬浮剂1次1袋（10毫升）对水15升，50～60毫升/亩，35天1次。

> 此步加强保健性防控叶霉病和早期灰叶斑病，壮秧、保果。

第四步：喷阿加组合1次。即25%嘧菌酯浮剂+47%春雷·王酮可湿性粉剂1次，每10毫升嘧菌酯制剂+30克春雷·王铜制剂对水15升，15～20天1次。

> 此步加强防控番茄冬季果穗期溃疡病、斑疹病叶霉病和灰叶斑病的发生，阿米西达免疫性防病关键用药时期。

第五步：喷32.5%吡唑奈胺·嘧菌酯悬浮剂1次（或苯醚甲环唑制剂）1袋10克对水15升，7～10天1次。或23.4%双炔酰菌胺悬浮剂1 000倍液。

> 看雨水情况选择绿妃防叶霉病、灰叶斑病或者是双炔酰菌胺晚疫病。

第六步：灌根嘧菌酯（阿米西达）1次。100 ～ 120 毫升 / 亩，即 25% 阿米西达悬浮剂 对水 180 升淋灌植株或随小水冲灌，30 天 1 次。

此步是盛果期保驾护航，壮秧强果。

第七步：喷 32.5% 吡唑萘菌胺·嘧菌酯（绿妃）悬浮剂 1 500 倍液，30 毫升 / 亩喷雾。

此时基本丰收后期。

第八步：喷阿米妙收制剂 1 000 倍液，或根施用药嘧菌酯制剂 150 毫升 / 亩。

酌情市场价格保持后期果实健康选择灌根施药，延长采摘期果实。

至此，基本到收获不再用药。

第二篇
设施黄瓜栽培与病虫害绿色防控技术

■ 黄瓜生物学特性

黄瓜果实为假浆果，果实内部大部分为子房壁和胎座。黄瓜具有单性结实的特性，这是它能在密闭、无传粉条件温室内生产的一个重要条件。黄瓜的大小、颜色及形状多样。

黄瓜根系分布较浅，主要分布于表土下 25 厘米内，5 厘米内更为密集，但主根可深达 60～100 厘米，侧根横向伸展主要集中于半径 30 厘米范围内。黄瓜根木栓化早，损伤后很难恢复，因此黄瓜育苗应适时移栽，或采用穴盘无土育苗措施。黄瓜茎上易发生不定根，且生长旺盛，因此，起高垄使土壤疏松，并在定植后培土，诱发不定根，扩大黄瓜根群是黄瓜生产上一项有效栽培措施。

黄瓜茎为攀缘性蔓生茎，具有顶端优势及分枝能力，茎蔓长度会因栽培品种和栽培模式不同而有差异。

黄瓜叶为五角心脏型，叶及叶柄上均有刺毛，叶片大。叶片是光合器官，使叶片最大限度的接受光照，减少相互遮挡，同时保持适宜夜温，使白天的光合产物及时输送出去，可最大限度发挥叶片制造养分的功能。

黄瓜花生于叶腋，黄色，基本属于雌雄同株异花，偶尔也有两性花，生产上也有全部节位着生雌性花的雌性系品种。

黄瓜的种子扁平、长椭圆型、黄白色。一般一个果实含 100～300 粒种子，千粒重 23～42 克，采种后约有数周休眠期。种子寿命 2～5 年不等。

（一）生育周期

1 发芽期 自播种后种子萌动到第一片真叶出现，约 5～6 天。此期应给予较高的温湿度和充足的光照，以防止徒长。

2 幼苗期 从真叶出现到 4～5 片真叶的定植期，约 30 天。这个时期分化大量花芽，为前期产量奠定了基础。

3 初花期 由 4 ～ 5 片真叶经历第一雌花出现，开放，到第一瓜坐住，约 25 天。

4 结果期 自第一果坐住，经过连续不断的开花结果到植株衰老，直到拉秧。

（二）环境条件要求

1 温度 黄瓜喜温，其适宜生长温度为 18 ～ 30℃，最适宜温度 24℃，黄瓜正常生育所能忍受的最高温度为 30℃，温度过高，尤其是夜温过高，产量降低，品质变劣，且植株寿命也会缩短。最低温度为 5℃，低于 5℃，植株出现低温冷害。表现为生长延迟和生理障碍等。

2 光照 黄瓜是果菜类蔬菜中耐弱光的一种，在温度和 CO_2 自然状态下，黄瓜光饱和点 55 000 勒克斯，光补偿点 1 500 勒克斯，这是黄瓜适应越冬生产的重要特性。在北方，日光温室黄瓜越冬生产是一年中光照最差的季节，一些区域常因出现连续低温阴雪、雾霾天气，造成黄瓜减产。盛瓜期的黄瓜，连续 4 ～ 5 个连阴天，产量会明显降低。

3 水 黄瓜对水分极其敏感，一是要求高的空气湿度，一般空气相对湿度在 85% ～ 95% 条件下，黄瓜生产正常，但空气湿度高又是病害发生的诱因，因此，黄瓜生产病害要预防为主，但不能盲目控制空气湿度；二是要求高的土壤湿度，以土壤含水量为田间最大持水量的 70% ～ 80% 为宜。

4 气体 黄瓜光合强度随 CO_2 浓度升高而增加，在大量施用有机肥的温室内，掀草苫时 CO_2 浓度可达到 1 500 毫克 / 升，配合相应的温度及水肥措施，可大幅度提高黄瓜产量。CO_2 不足时，需补施 CO_2 肥。

5 土壤 黄瓜喜欢中性偏酸的土壤，在土壤 pH 值 5.5 ～ 7.2 范围内都能正常生长，以 pH 值 6.5 最适宜。但黄瓜耐盐碱性差。

地温是黄瓜越冬栽培和早春种植的重要生长、生存因素。黄瓜对地温的要求比较严格，生育期间最适宜温度是 25℃，最低 15℃。如何提高地温是黄瓜越冬生产的技术关键，也是日光温室黄瓜冬早春生产中普遍存在的问题。

▣ 茬口安排与品种选择

（一）茬口安排

蔬菜生产设施类型多种多样，但不管其结构如何变化，用来进行黄瓜生产，首先必须在温度上满足黄瓜生长需求。所以正常情况下，设施内最低温度不能低于10℃。目前，黄瓜生产的设施主要有塑料大棚和日光温室。根据不同设施类型，塑料大棚黄瓜生产主要有早春茬栽培、秋延后栽培；日光温室有冬春茬栽培、秋冬茬栽培和越冬周年一大茬的长季节栽培。

1 早春大拱棚栽培 一般在2月上中旬开始播种，苗期45天左右，3月底定植，5月上旬开始收获，直到6月底拉秧。

2 秋季大棚栽培 大棚秋延后栽培可在6月中下旬育苗，7月中旬定植，8月中下旬到11月采收完毕，但7～8月正值夏季高温季节，易出现植株徒长，因此，播种期可适当后延至7月中旬，苗期20～25天，8月上中旬定植，9月份到11月采收。

3 日光温室冬春茬栽培 一般在11月中下旬到12月中下旬播种，1月中下旬到2月中旬定植，3月下旬开始收获一直到6月底结束。

4 日光温室秋冬茬栽培 日光温室秋冬茬栽培较塑料大棚晚1个月，一般在8月份育苗，9月份定植，10月份开始收获，视元旦节假日市场价格情况决定拉秧时间。

5 日光温室越冬一大茬长季节栽培 日光温室越冬长季节栽培一般在10月初育苗，10月中下旬嫁接，10月底到11月初定植，12月开始收获，一直到第二年6月结束。

（二）品种选择

随着农业产业结构调整和多种栽培形式的发展，为适应不同生产地区、不同栽培方式和不同季节生产，我国现已培育了许多适宜不同要求，具备不同优良性状的适宜消费者食用口味的优良品种。生产上有两种类型的黄瓜：一种是水果型黄瓜，以光滑无刺、易清洗、味甜、品质好逐渐受到南北方消费者的欢迎。另一种是传统有刺黄瓜，其产量高，符合传统消费者的习惯，在南北方占有很大市场。目前，在设施棚室里主要的栽培品种有：津优315、金胚系列、以及满田系列品种，满田700、满田706，博美系列耐低温弱光温室专用品种。

> **选择品种应注意的问题**
>
> 　　品种选择除了要看种子的发芽率和发芽势外，还要根据自己当地的设施类型、品种特性、管理能力选择适宜的品种。根据当地市场销售渠道、青果商采购订单和价格优势选择品种。在当地没有种植过的品种，一定要先进行示范。不选择没有在经过示范试验的品种，避免不必要的经济损失和减产纠纷。尤其是越冬和早春栽培品种，其品种的耐寒性、弱光性、低温下的坐瓜率以及抗病性都是影响黄瓜经济效益的重要因素。应该强调的是：任何新品种只有在适应的地区、采用适宜的栽培技术，才能显示出增产、增收的潜力。黄瓜的"高产、优质、高效益"生产，有赖于新品种和新的栽培技术相配套，二者缺一不可。

三 育苗技术

　　目前，育苗方式多种多样，主要有苗床育苗、营养钵育苗、简易穴盘无土育苗、营养块育苗及工厂化无土育苗等，但目前生产上因简易穴盘无土育苗简单易行、不缓苗、成活率高而广泛应用，即以无土穴盘育苗为主介绍日光温室黄瓜越冬栽培的育苗技术。

（一）无土穴盘育苗

　　１ 穴盘选择　冬春季育苗，由于苗龄较长，可选用50孔或72孔穴盘；夏季育苗，苗龄短，选用72孔穴盘即可；越冬长季节黄瓜育苗第一片真叶展时即进行嫁接，所以选用72孔穴盘即可。

　　２ 基质配方　按体积计算，草炭：蛭石为2∶1，因为苗龄较短，1立方米基质加入氮磷钾肥比例为15∶15∶15三元复合肥1～1.5千克（如果是冬春季节育苗，1 立方米基质要加入氮磷钾肥为 15∶15∶15 的复合肥 2 千克），同时加入 100 克的 68% 精甲霜灵·锰锌水分散粒剂和 100 毫升的 2.5% 咯菌腈悬浮剂做好土壤药剂杀菌处理与基质拌匀备用。

3 播种育苗 冬春季节育苗主要为日光温室冬春茬和塑料大棚早春茬栽培供苗，一般育苗期在 35 ～ 45 天。也就是说，如果定植时间在 2 月中旬至 3 月下旬，播种期就应从 12 月底到 1 月中下旬。夏季育苗苗期短，一般从 6 月中下旬到 7 ～ 8 月均可播种育苗，可根据栽培目的确定播种期。越

如果所购买的已经是包衣种子，可以直接播种；如果是没有包衣的种子，则需进行种子处理，处理方法如下：

◎ 6.25% 精甲霜灵·咯菌腈悬浮剂 10 毫升对水 100 ～ 120 毫升，可以包衣 3 千克黄瓜种子，晾干后即可播种。

◎ 用 2 份开水 1 份凉水配成的约 55℃温水浸种半小时后，用 6.25% 的咯菌腈·精甲霜灵 10 毫升浸泡种子 20 分钟、或用 500 倍液的 75% 百菌清可湿性粉剂药剂处理 30 分钟，可有效防止苗期病害发生。

建议最好采用药剂包衣处理种子，这样省事又安全，效果还好。

冬茬长季节黄瓜一般 10 月初育苗，10 月底到 11 月上旬定植。

播种前先将苗盘浇透水，以水从穴盘下小孔漏出为标准，等水渗下后播种，经过处理的种子可拌入少量细沙，使种子散开，易于播种，播种深度 1 厘米左右，播种后覆盖蛭石，喷 68% 精甲霜灵·锰锌水分散粒剂 600 倍液药液封闭苗盘，防治苗期猝倒病害，并在苗盘上盖地膜保湿。

苗出齐后，将地膜掀去。第一片真叶以前白天气温保持在 25 ～ 32℃，夜温 16 ～ 18℃，从第二片真叶展开起，采用低夜温管理，即清晨温度 10 ～ 15℃，以促进雌花分化。在定植前 1 周，进行炼苗，尽量降低白天的温度、湿度。

注意防治苗期虫害，一般待苗出齐后喷 25% 噻虫嗪水分散粒剂 1 000 倍液防治白粉虱、蚜虫。

（二）嫁接育苗

嫁接可以增强黄瓜的抗病性，南瓜对多种土传病害具有很强的抗

性，通过嫁接可以有效预防枯萎病等土传病害的发生；而且还可以利用南瓜根系耐寒性的特点，通过嫁接提高黄瓜耐寒能力，黄瓜根系生长的最低温度是10℃，而南瓜为8℃；提高吸水吸肥能力，南瓜根系入土深、分布范围广，根毛多而长，吸收水分和养分能力明显高于黄瓜；嫁接苗耐干旱，耐脊薄能力也明显提高，促使瓜秧发育好，不死秧，可延长黄瓜采收期，产量和经济效益增加。

❶ 砧木品种选择 目前黄瓜砧木主要以强生白籽南瓜和日本黄籽南瓜作砧木，以期抗病性、生长势强，适宜于越冬栽培。白籽南瓜作砧木时，黄瓜耐热性、耐干旱，适宜于高温季节使用。日本黄籽南瓜砧木嫁接后，黄瓜色泽亮绿、口感好、商品性好，成为目前北方省份主要推广的黄瓜砧木品种。连续几年的不同砧木嫁接试验表明：白籽南瓜嫁接的黄瓜产量最高，但日本黄籽南瓜嫁接的黄瓜因瓜条表面无白霜，色泽亮绿，市场价格提升0.4～0.8元/千克。所以从最终效益上看，日本黄籽南瓜砧木嫁接的黄瓜商品性好。

❷ 接穗品种选择 适宜当地设施种植的栽培黄瓜品种一般选择水果型黄瓜或传统有刺黄瓜。

❸ 嫁接方法 黄瓜嫁接有插接和靠接，由于靠接后8天内，接穗仍保持自己的根，适应性强，成活率较高，所以目前生产上多用靠接方法。

❹ 种子处理 黄瓜种子亩用种量150克，先温汤浸种，放入55℃热水中保持5分钟，并不停搅拌，半小时后用600倍液的75%百菌清药液浸泡20～30分钟后，清水洗净后待播。水果黄瓜品种也常采用药剂包衣后干籽点播方式。

南瓜种子亩用种量1.5千克左右。南瓜催芽前，要进行晒种1～2天（注意不要放在水泥地板上晒），放入55～60℃热水中烫种10分钟，不断搅拌，之后捞出种子再放入30℃水中，浸泡6～8小时，搓掉黏液，取出用手攥干，用纱布包好，放到32℃环境下催芽。一般30个小时可出芽。注意中间需要用清水清洗1次。黄瓜南瓜种子浸种时间可适当减少。

浸种后即可播种，也可浸种后先催芽，种子露白时，再播种。需要提醒的是：靠接方法嫁接接穗先于砧木10天左右播种育苗的。而插接法则是砧木先于接穗播种 7 ~ 10 天左右，砧木先于接穗播种。

5 **苗床准备**　首先要建造一座育苗温室，大小根据育苗数量而定，一般育 1 亩地的秧苗需要 50 平方米的温室，若在深冬季节嫁接，还需在温室内搭建火炉。

6 **播种苗床**　用洗净的河砂或配制的营养土，即取三年未种过蔬菜和棉花的大田土 70%，（注意选取玉米田土壤时需要考虑除草剂残留风险，建议先做一下蔬菜种子发芽试验）农家腐熟有机肥 30%，用筛子过筛，再拌入多菌灵 400 克 / 立方米或 400 克 / 立方米甲基硫菌灵。床土厚8 厘米。砂床出苗快，起苗容易，但温度变化大，苗子易受损感病。营养土作苗床，苗壮不易得病，但生长速度稍慢，若土壤黏重，起苗时易伤根。

7 **嫁接苗床**　必须要用营养土。苗床土厚 12 厘米，宽 1 米为宜，太宽则中间分栽苗困难，长度可根据苗多少而定，苗床应设在温室中间，光照与温度较好，有利于培育壮苗。移入嫁接苗后，支棚加盖塑料薄膜以保证湿度，必要时加盖遮阳网。

8 **播种用穴盘**　传统、经济的育苗方式是苗床育苗，播种前一天，在畦内浇透水，然后在畦内划成 4 厘米 ×4 厘米的田字格，在两线的交叉点上点上一粒种子。播种后的畦面上撒上营养土，厚度 1 厘米。穴盘准备与前边育苗技术中穴盘基质准备相同。

9 **营养钵**　可将砧木种子直接播于营养钵中，嫁接时带钵嫁接，成活率更高。也可播种在穴盘中，嫁接后将嫁接苗移入营养钵。基质配比按体积计算草炭：蛭石为 1 : 1，1 立方米基质加入氮磷钾肥比例为15 : 15 : 15 三元复合肥 1 ~ 1.5 千克与基质拌匀装钵备用。

播种时间及播种　10 月初先播种接穗黄瓜，将黄瓜播种于 72 孔穴盘中，等黄瓜子叶展开，真叶如小米粒大小时，大约 7 天左右后，播种南瓜砧木，将砧木播于 72 孔穴盘或营养钵中，也可以直接播于苗床。当南瓜砧木子叶展开，真叶刚刚露芯时，此时黄瓜第一片真叶展开，第二片真叶刚刚露出。这是嫁接的适当时期。

四 定植

（一）定植前的准备

1 高温闷棚　高温闷棚即在 6～8 月歇棚期间，利用夏季充足的太阳能进行灭菌的一种简单易行、节本环保的有效措施之一。一般分两步进行：第一步，上茬黄瓜收获完毕，拉秧后棚膜不要揭开，将棚膜上的漏洞补好，封闭棚膜 10 天左右，闷杀棚室内及植株体上的病菌，之后集中销毁，避免病虫再次流入田间，成为新的侵染源。第二步，闷杀土壤中的病菌。首先将粉碎的作物秸秆均匀撒在棚室地表，一般撒 5 厘米左右，与鸡粪、尿素混合后深翻 30～40 厘米。深翻后作畦，在畦内大量浇水，使畦内保持明水，盖上地膜，然后封闭棚室。进行高温闷棚处理，形成高温厌氧环境，使 20 厘米处的地温保持在 50℃以上，插上一个地温表随时观察土壤温度，持续 20～25 天。温室经过高温处理后，室内及土壤内病虫基本被杀灭。但经过高温处理后，土壤中一些有益微生物也受到破坏，高温闷棚后到定植前，结合整地每亩施入功能性生物有机肥 120 千克，可有效增加土壤有益微生物，同时还有助于分解土壤中的有害盐分，增强作物抵御霜冻及病虫害的能力，提高肥料利用率，使瓜果早熟，延长采收期，提高产品质量。

2 物理防虫、驱虫措施　在棚室通风口用 20～30 目尼龙网纱密封，防止蚜虫进入。在地面铺银灰色地膜或将银灰膜剪成 10～15 厘米宽的膜条，挂在棚室放风口处，驱避蚜虫。目前生产上多采用"黄板诱杀"，将黄色黏虫板悬挂于棚室中距地面 1.5～1.8 米的高处，每亩放 20～25 个，对蚜虫和白粉虱起到较好的防治效果。

3 施肥　栽培模式不同，施肥方案也不同（表 6），黄瓜栽培底肥除施用一定量的有机肥外，还要配合一定量的氮磷钾三元复合肥。原则上越冬长季节黄瓜栽培底肥中氮肥的施用量是整个生育期氮肥施用总量的 10%；全生育期磷肥用量全部作底肥施入土壤中，追肥不再施磷肥；而底肥中钾肥的施用量占整个生育期钾肥用量的 10%～20%。短季节栽培底肥中氮肥施用量是整个生育期总量的 20%～30%，全生育期磷肥全部用作底肥施入，钾肥施用量占整个生育期钾肥用量的40%。

在生产一线和新品种示范中总结了一套简单易掌握的黄瓜栽培施肥方案，用起来简单易操作。

表6　不同栽培模式底肥施用方案

短季节栽培施肥方案	（包括日光温室秋冬茬、日光温室早春茬、塑料大棚春提前和塑料大棚秋延后栽培施肥方案） 全生育期氮素用量40千克，折合尿素（含氮46%）80千克，磷（P_2O_5）用量10千克，折合过磷酸钙70千克，钾（K_2O）用量40千克，折合硫酸钾80千克。 基肥用量：一般每亩施4～6立方米有机肥（鸡粪、厩肥），并根据化肥在基肥中的比例，每亩应施入尿素16千克，过磷酸钙70千克，硫酸钾32千克。
长季节越冬大茬黄瓜全生育期化肥方案	全生育期氮素用量80～100千克，折合含氮46%尿素约160～200千克，全生育期磷肥用量10～20千克，折合过磷酸钙70～125千克，钾肥用量80～100千克，折合硫酸钾160～200千克。 基肥用量：一般每亩施10立方米左右优质有机肥，并根据化肥基肥应占总量的比例，每亩应加入氮肥16～20千克尿素（含N 46%），70～125千克过磷酸钙（含$P_2O_5$16%），32～40千克硫酸钾（含K_2O50%）。
微型水果黄瓜施肥方案	施肥底肥多要求有机肥8立方米以上，复合肥50～80千克。

4 整地作垄　整地时先将底肥铺施于地面，然后机翻或人工锹翻2遍，使肥料与土壤充分混匀，之后搂平地面。

5 做畦　一般选用高垄种植，按等行距60～70厘米起垄或大小行距起垄，大行80厘米，小行50厘米，垄高15厘米。水果微型黄瓜品种种植要求宽窄行距，宽行沟间行距80厘米、窄行为垄宽行距70～75厘米。

（二）定植

1 时间 种植模式不同，定植时间也不同。

日光温室冬春茬黄瓜 1 月中下旬到 2 月中下旬定植。

日光温室秋冬茬黄瓜 8 月到 9 月定植。

日光温室越冬茬黄瓜在 10 月底 11 月初定植。

塑料大棚早春茬黄瓜在 3 月底定植。

塑料大棚秋延后黄瓜在上茬结束，施肥整地完成 7～8 月均可定植，可根据上市时间向前推 1 个月定植。

2 密度 "密植是个宝，全凭掌握好"；"地肥宜稀，地薄宜密"；"水足宜稀，水少宜密"。在垄上按株距 25～30 厘米挖穴栽苗。一般越冬茬每亩栽 3 500 株左右（指传统的密刺型黄瓜）。水果微型黄瓜密度保持在 1 800～2 200 株左右 / 亩，宽窄行定植。

3 栽植顺序 挖穴—放苗—再覆地膜—盖土—浇定植水。

越冬茬黄瓜苗龄不宜太大，以三至四叶一心为宜，苗高 10～13 厘米。定植后马上浇定植水。灌溉多采用膜下畦灌，有条件的地方可膜下滴灌或渗灌，既可节水，又可避免棚内湿度过高而引起病害的发生。覆地膜有利于提高地温，防除杂草，同时，减少水分蒸发，减少棚内空气湿度，避免蔓接触地，从而也减少了菌核病、白绢病等土传病害。

4 栽植深度 "黄瓜露坨，茄子没脖"是菜农民间谚语。坨面应高于畦面 2 厘米。设施栽培中常有将营养钵穿透底部连钵直接定植田间的方式。这样可以有效减少秧苗移栽时茎基腐病和立枯病以及菌核病的为害。实践中常采用地面、穴坑喷施 68% 精甲霜灵·锰锌水分散粒剂 500 倍液于地表面封闭杀菌来减少土表病菌的为害，收到良好的效果。

五 田间管理

（一）温度、湿度、光照管理

1 温光管理 定植后到缓苗可控制温度稍高些，以利于缓苗，白天温度控制在 28～32℃，夜间 20℃；早春定植后，由于外界温度较低，一般不放风，如果温室内湿度太大，可选择在中午高温时适当放风，潮气放出后及时闭棚。缓苗后（一般 7 天左右），浇 1 次缓苗水，要放小风，保持相对湿度在 80% 以下，温度白天不超过 30℃，温度低于 20℃时关窗保温，以 25 ～ 28℃为宜，夜温控制在 18℃左右。

光照与温度相联，有光，必然有热，光照每天不少于 8 小时，冬天昼短夜长，可以考虑架设植物生长灯来延长生长时间。一般棚室每 5 延长米架设一盏生长灯。棚室跨度大于 8 米的，建议并排双行设立生长灯，以便均匀达到照射光源利于快速生长。阴天也要揭草帘，接受散射光照，要注意，黄瓜刹那间接受晴天光照，务必做到揭花帘。喷温水、防止因强光、骤然升温造成的生理性闪秧、脱水性萎蔫，重症时会造成死秧现象。

越冬茬黄瓜从定植到结果期，处在光照强度较弱季节，光合产物低，是前期产量不易提高的主要原因。张挂镀铝聚酯反光幕可起到增温增光效果，增强黄瓜的光合作用强度，显著增产增值，增产幅度可达15% ～ 30%。具体做法是上端固定于一根铁丝上，铁丝固定于温室北墙，将反光幕拉平下端压住即可。

2 水分管理　水分管理总原则是苗期要控制浇水，防止秧苗徒长，以达到田间最大持水量的 60% 左右为宜。结果期水量加大，达到田间最大持水量的 80% 为宜，且要保持相对稳定，不能忽旱忽涝或大水漫灌。棚室内土壤水分过大时，除妨碍根系的正常呼吸外，还会增加室内空气湿度，加大病害发生几率。

定植后浇足定植水，7 天后浇缓苗水，从缓苗水后到根瓜坐住期间，原则上不浇水，以防止水分过大引起植株徒长，造成落花化瓜。使用滴、渗灌的或土壤墒情不好的情况下，可适当增加浇一小水，直到根瓜坐住。

根瓜坐住后开始膨大时开始浇水，水量要充足，以浇透为宜。进入结果期，由于不同种植模式设施内温度不同，水分管理亦有所不同。冬春茬黄瓜结瓜期由于温度适宜，黄瓜生长量大，一般 3 ～ 5 天浇 1 次水，进入盛瓜期，黄瓜需水量加大，一般 2 ～ 3 天浇 1 水；深冬季节黄瓜由于结果初期设施内温度低，光照较弱，黄瓜用水量相对减少，且浇水不当会降低地温，诱发病害，应适当控制浇水，黄瓜不表现缺水不灌水，但要加强中耕保墒，提高地温，促进根系向深处发展，此时浇水间隔时间延长至 10 ～ 12 天，浇水一定要在晴天上午进行。有条件的地方，应该考虑晒水浇灌。会更有利于黄瓜生长发育。

（二）追肥

不同栽培模式追肥方案依照总的施肥原则，不同模式施肥量也有所不同，见表 7。

表7　不同栽培模式追肥方案

短季节栽培模式	（包括塑料大棚春提前、秋延后和日光温室冬春茬和秋冬茬）黄瓜根瓜开始膨大时开始追第一次肥，由于刚开始结瓜，第一次可随水追施少量化肥，进入结果期，可 10 天左右追施一次化肥，盛果期需肥需水量大，则应 5 ～ 7 天追施一次化肥，但总的追肥原则是，将全生育期尿素总量的 70% ～ 80%（56 ～ 64 千克）和硫酸钾总量的 60%（64 千克）分次随水追施，短季节黄瓜栽培按整个生育期追施 10 次计算，平均每次随水溶性氮钾素比例 1 ：2 冲施肥 6 ～ 7 千克，但结瓜初期施肥量较平均值略少，进入结瓜盛施肥量要适当加大，每次追肥根据基肥用量及植株长势情况而定。
日光温室越冬长季节黄瓜	越冬一大茬黄瓜结瓜期长达 5 ～ 6 个月，需肥总量多，总的追肥原则是将尿素施用总量的 90%（150 ～ 180 千克）和硫酸钾总量的 80% ～ 90%（130 ～ 180 千克）分次随水追施。施肥规律是根瓜坐住后顺水施肥，结瓜初期因温度低，且需肥量少，可施少量化肥，每亩施氮钾素（1 ：2）水溶性肥 8 千克，低温时 15 天左右追 1 次，春季进入结瓜旺期后，追肥间隔时间缩短，追肥量增大，一般 5 ～ 7 天追施 1 次，每次亩施水溶性速效肥 15 千克，整个生育期追肥总量氮素不超过 150 ～ 180 千克，注意及时补充生物钾肥和海藻菌生物活性菌肥，以期改良保持土壤根系活力，且施肥时间及施肥量应根据植株长势确定。

有的地方在进入盛果期前，还要进行一次"围肥"，即在畦间开沟施肥，以饼肥为主，每亩施 150 ～ 250 千克，加 50 千克复合肥，再补以一定量的中微量元素，可达到增产提质的效果。

在低温季节，由于保护地内 CO_2（二氧化碳）不能及时得到补充，施加 CO_2 就显得尤为重要。CO_2 施肥方法很多，一是重施有机肥；二是土壤中结合翻地施入 5 ～ 10 厘米厚的作物秸秆打孔或外置式堆积秸秆，可以释放一定量的 CO_2；三是深施碳酸氢铵，施入量为 10 克 / 平方米，深施 5 ～ 8 厘米，每 15 天 1 次。CO_2 施肥能促进黄瓜生长发育，提高产量，改善品质，提高抗病性。

（三）整枝绑蔓

1 吊蔓与落蔓　日光温室多用吊绳吊蔓来固定瓜蔓，吊绳吊蔓在甩发棵初期进行，在栽培行的正上方 3 米处固定铁丝，当株高 25 厘米，即有 4 ～ 6 片叶时按株距绑绳，绳子一端固定在铁丝上，另一端绑在植株底部，此端绑口松紧适宜，要留给植株生长的空间。随植株生长进行人工绕蔓。当植株长到固定铁丝的高度时，要落蔓，不摘心，延长结瓜期，增加结果数。落蔓时要将底部老叶摘除，按顺时针或逆时针一个方向将蔓盘绕在根部，增加空间，增加透光，减少消耗，便于管理。越冬茬黄瓜要不断落蔓延长生育期。

2 摘除侧枝及卷须　越冬茬黄瓜以主蔓结瓜为主，所以，一般保留主蔓坐果。要及早摘除侧蔓与卷须，节省养分。根瓜要及时采摘以免赘秧，连阴时间长时要将中等以上瓜摘掉。

3 摘叶　20 叶后要注意去掉下部老黄病叶。一般果实采到哪里，叶子摘到哪里。

（四）采收

一般从开花到采收需要 15 天左右，个别品种发育快，8 ～ 10 天即可采收。对采收的要求是早摘、勤摘、严防瓜坠秧。尤其根瓜要尽量及早采收。

六 主要病虫害与绿色防控技术

（一）猝倒病

1 症状　猝倒病是黄瓜苗期时的重要病害。幼苗感病后在出土表层茎基部呈水浸状软腐倒伏，即猝倒。幼苗初感病时秧苗根部呈暗绿色，感病部位逐渐缢缩，病苗折倒坏死。染病后期茎基部变为黄褐色干枯成线状。

2 发病原因　病菌主要以卵孢子在土壤表层越冬。条件适宜时产生孢子囊释放出游动孢子侵染幼苗。通过雨水、浇水和病土传播，带菌肥料也可传病。低温高湿条件下容易发病，土温 10 ～ 13℃，气温 15 ～ 16℃病害易流行发生。播种或移栽或苗期浇大水，又遇连阴天低温环境发病重。

3 生态防治　清园切断越冬病残体组织、用异地大田土和腐熟的有机肥配制育苗营养土。严格施入化肥用量，避免烧苗。合理分苗密植、控制湿度、浇水是关键。应降低棚室湿度。苗床土注意消毒及药剂处理。

4 药剂防治

◎ 药剂处理土壤的配方是：取大田土与腐熟的有机肥按 6 ∶ 4 混均，并按 1 立方米苗床土加入 100 克 68% 精甲霜灵·锰锌水分散粒剂和 2.5% 咯菌腈悬浮剂 100 毫升拌土一起过筛混匀。在种子包衣播种覆土后用 68% 精甲霜灵·锰锌水分散粒剂 500 倍液药液或 6.25% 亮盾悬浮种子剂 20 毫升对水 15 升进行土壤封闭。可以有效杀死土壤表面和出土周围的残存病菌。

◎ 种子包衣防治：种子药剂包衣可选 6.25% 亮盾悬浮种子剂及 10 毫升对水 150 ～ 200 毫升包衣 3 千克种子，可有效预防苗期猝倒病和其他如立枯、炭疽病等苗期病害。

◎ 药剂淋灌：救治可选择 68% 精甲霜灵·锰锌水分散粒剂 500 ～ 600 倍液（折合每 100 克药对水 45 ～ 60 升），或 44% 精甲霜灵·百菌清悬浮剂 400 倍液，或 72% 霜脲锰锌可湿性粉剂，62.75% 氟吡菌胺·霜霉威悬浮剂 1 000 倍液，或 72.2% 霜霉威水剂 800 倍液，或 64% 杀毒矾可湿性粉剂 500 倍液等对秧苗进行淋灌或喷淋。

（二）霜霉病

1 症状　霜霉病也叫"跑马干"是黄瓜全生育期均可以感染的病害。主要为害黄瓜叶片。因其病斑受叶脉限制，多呈现多角形浅褐色或黄褐色斑块，成为非常容易诊断的病害。叶片初感病时，叶片上产生水浸状小斑点，叶缘叶背面出现水浸状病斑，逐渐扩展受叶脉限制扩大后呈现大块状黄褐角斑。湿度大时叶背面长出灰黑色霉层，结成大块病斑后会迅速干枯。霜霉病大发生会对黄瓜生产造成毁灭性损失减产五成以上。

2 发病原因　病菌主要在冬季温室作物上越冬。由于北方设施棚室保温条件的增强，黄瓜可以周年生产，并可安全越冬。病菌也可以因温度适宜而周年侵染，借助气流传播。病菌孢子囊萌发适宜温度 15～22℃，相对湿度高于 83%，叶面有水珠时极易发病。设施棚室内空气湿度越大产孢子越多，是病菌孢子萌发游动侵入的有利条件。

3 生态防治

◎ 选用抗病品种，如津优 315、博新 5 号、金胚 99 等品种。

◎ 清园切断越冬病残体组织、合理密植、高垄栽培、控制湿度是关键。

◎ 地膜下渗浇小水或滴灌，节水保温，以利降低棚室湿度。清晨尽可能早地放风——即放湿气，尽快进行湿度置换。放湿气的时候，人不要走开，见棚内雾气减少，雾气明显外流后，立即关上风口，以利快速提高气温。

◎ 注意氮磷钾均衡施用，育苗时苗床土必须消毒和药剂处理。

4 药剂防治

◎ 预防为主，发病前使用保护剂，预防可采用 75% 百菌清可湿性粉剂 600 倍液（100 克药对水 60 升），或 56% 百菌清·嘧菌酯悬浮剂 1 000 倍液。25% 嘧菌酯悬浮剂 1 500 倍液、23.4% 双炔酰菌胺悬浮剂 1 200 倍液、44% 精甲霜灵·百菌清悬浮剂 500 倍液进行根灌施药预防性控制。

> 建议采用黄瓜病虫害保健性防控整体解决方案。

◎ 发病初期，选用 25% 嘧菌酯悬浮剂 1 500 倍液与 68% 精甲霜灵·

锰锌水分散粒剂 700 倍液混施，或 25% 嘧菌酯悬浮剂 2 000 倍液与 23.4% 双炔酰菌胺悬浮剂 1 200 倍液混用根灌或喷施等。

> 不管用哪一种药防治，均要喷施周到，使药液全部覆盖才可取得良好的效果。

◎ 发病后期，要选用治疗剂，例如，68% 精甲霜灵·锰锌水分散粒剂 600 倍液，62.75% 氟吡菌胺·霜霉威悬浮剂 1 000 倍液，72.2% 霜霉威水剂 1 000 倍液等。

（三）灰霉病

1 症状 灰霉病主要为害幼瓜和叶片。感染灰霉病的黄瓜叶片，病菌先从叶片边缘侵染，呈小型的"V"字形病斑。病菌从开花后的雌花花瓣侵入，花瓣腐烂，果蒂顶端开始发病，果蒂感病向内扩展，致使感病幼瓜呈灰白色，软腐，感病后期无论幼瓜还是叶片均长出大量灰绿色霉菌层。

2 发病原因 灰霉病菌以菌核或菌丝体、分生孢子在土壤内及病残体上越冬。病原菌属于弱寄生菌，从伤口、衰老的器官和花器侵入。柱头是容易感病的部位，致使果实感病软腐。花期是灰霉病侵染高峰期。借气流、浇水传播和农事操作传带进行再侵染。适宜发病气温 22～25℃，相对湿度 90% 以上，即低温高湿、弱光有利于发病。大水漫灌又遇连阴天是诱发灰霉病的最主要因素。密度过大，通风不及时，生长衰弱均利于灰霉病的发生和扩散。越冬、早春栽培的黄瓜灰霉病经常由于滴水往往先从植株的中上部位开始发病。

3 生态防治

◎ 设施棚室要高畦覆地膜栽培，地膜下渗浇小水。有条件的可以考虑采用滴灌措施，节水控湿。加强通风透光，尤其是阴天除要注意保温外，严格控制灌水，严防过量。

◎ 早春将上午放风改为清晨短时放湿气，清晨尽可能早放风，尽快进行湿度置换尽快降湿提温有利于瓜生长。

◎ 及时清理病残体、摘除病果、病叶，集中烧毁和深埋。

4 药剂防治

因黄瓜灰霉病是在老化的花器侵染，预防用药时机一定要在黄瓜开花时开始。蘸花药剂可选用 2.5% 咯菌腈悬浮剂对水 1.5 升，喷花或浸花。

> 建议采用黄瓜病虫害保健性防控整体解决方案。

◎ 喷施药剂可选用 25% 嘧菌酯悬浮剂 1 500 倍液或百菌清 600 倍液喷施预防，或选用 50% 咯菌腈可湿性粉剂 3 000 倍液，或 62% 咯菌腈·嘧霉环胺水分散粒剂 3 000 倍液，或 50% 啶酰菌胺水分散粒剂 800 倍液，或农利灵干悬浮剂 1 000 倍液，或 50% 乙霉威·多菌灵可湿性粉剂 800 倍液等喷雾。

（四）炭疽病

1 症状 黄瓜炭疽病整个生育期均可染病。主要侵染叶片、幼瓜、茎蔓。病斑初为圆形或不规则型褪绿色水浸状凹陷病斑。病斑逐渐扩大凹陷有轮纹，而后变成褐色，斑点中间呈浅褐色，近圆形轮纹斑，有穿孔。

2 发病原因 病菌以菌丝体或拟菌核随病残体或种子上越冬。借雨水传播。发病适宜温度 27℃，湿度越大发病越重。棚室温度高，多雨或浇大水，排水不良、种植密度大、氮肥过量的生长环境病害发生重，易发生。植株生长衰弱发病严重。一般春季保护地种植后期发病几率高，流行速度快、管理粗放也是病害发生的用药因素。

3 生态防治

◎ 重病地块轮作倒茬。可以与茄科或豆科蔬菜进行 2 ～ 3 年的轮作。

◎ 选用抗病品种。使用抗病品种是既抗病又节约生产成本的救治办法。品种有金胚 98 系列、津优系列、博新系列等。

◎ 对种子进行温汤浸种，55 ～ 60℃恒温浸种 15 分钟。

◎ 加强棚室管理：通风排湿气。避免叶片结露和吐水珠。设施栽培，特别是越冬或冬早春栽培必须进行地膜覆盖和滴灌微喷设备，以降低湿度，减少发病机会为主要目标。晴天进行农事操作，避免阴天整枝绑蔓、采收等，不造成人为传染病害的机会。

4 药剂防治

◎ 种子包衣防病：即选用 6.25% 精甲霜灵·咯菌腈悬浮剂 10 毫升对水 150 ～ 200 毫升可包衣 3 ～ 4 千克种子。

> 建议采用黄瓜病虫害保健性防控整体解决方案。

◎ 种子灭菌消毒：或 75% 百菌清可湿性粉剂 500 倍液浸种 30 分钟后冲洗干净催芽，均有良好的杀菌效果。

◎ 苗床土消毒，减少侵染源（参照猝倒病苗床土消毒配方方法）

◎ 预防病害可选用 56% 百菌清·嘧菌酯悬浮剂 800 倍液，或 32.5% 苯醚甲环唑·嘧菌酯悬浮剂 1 000 倍液，或 32.5% 吡唑萘菌胺·嘧菌酯悬浮剂 1 000～1 500 倍液，或 10% 苯醚甲环唑水分散粒剂 800 倍液等喷雾。

（五）白粉病

1 症状 黄瓜全生育期均可以感病。主要感染叶片。发病初期主要在叶面长有稀疏白色霉层，逐渐叶面霉层变厚形成浓密的白色圆斑。发病重时感染枝干、茎蔓。发病后期叶片发黄坏死。

2 发病原因 病菌以闭囊壳随病残体在土壤中越冬。越冬栽培的棚室可在棚室内作物上越冬。借气流、雨水和浇水传播。温暖潮湿、干燥无常的种植环境，阴雨天气及密植、窝风环境易发病，易流行。大水漫灌，湿度大，肥力不足，植株生长后期衰弱发病严重。

3 生态防治

◎ 引用抗白粉病的优良品种，一般常种的品种有金胚、冬绿、津优等系列。

◎ 适当增施生物菌肥、磷钾肥，合理密植，加强田间管理，降低湿度，增强通风透光。

◎ 收获后及时清除病残体，并进行土壤消毒。

◎ 棚室应及时进行硫磺熏蒸灭菌和地表药剂处理。

4 药剂防治

◎ 可选用 32.5% 吡唑萘菌胺·嘧菌酯悬浮剂 1 500 倍液，或 56% 百菌清·嘧菌酯悬浮剂 800 倍液，或 32.5% 苯醚甲环唑·嘧菌酯悬浮剂 1 000 倍液，或 10% 苯醚甲环唑水分散粒剂 800 倍液，或 25% 嘧菌酯悬浮剂 1 500 倍液。

> 建议采用黄瓜病虫害保健性防控整体解决方案。

◎ 中后期重度染病喷施 30% 扬彩悬浮剂 3 000 倍液，或 30% 苯醚甲环唑·丙环唑 3 000 倍液等喷雾。

（六）细菌性角斑病

1 症状 黄瓜角斑病是细菌性病害。主要为害叶片、叶柄和幼瓜。整个生长期病菌均可以为害。苗期感病子叶呈水浸状黄色凹陷斑点，叶片感病初期叶背为浅绿色水浸状斑，渐渐叶面变成浅褐色坏死病斑，病斑受叶脉限制叶正面有时呈小型多角形，这是与霜霉病症状易混淆的病害。但是细菌性角斑感病后期病斑逐渐变灰褐色，棚室温湿度大时，叶背面会有白色菌脓溢出，这是区别于霜霉病的主要特征。干燥后病斑部位脆裂穿孔。

2 发病原因 病菌属于细菌，可在种子内、外和病残体上越冬。病菌主要从叶片瓜条的伤口或叶片气孔侵入，借助飞溅水滴、棚膜水滴下落或结露、叶片吐水、农事操作、雨水、昆虫、气流传播蔓延。发病温度范围在 10～30℃，适宜发病温度 24～28℃，相对湿度 75% 以上均可促使细菌性病害流行。但是 50℃时 10 分钟细菌就会死亡。昼夜温差大、露水多、重茬、低洼、排水不良、放风不及时以及阴雨天气整枝绑蔓时损伤叶片、枝干、幼嫩的果实造成伤口均是病害大发生的重要因素。

3 生态防治

◎ 选用耐病品种，引用抗寒性强的，杂交品种。金胚 99、满田、津绿系列等。

◎ 清除病株和病残体并烧毁，病穴撒入石灰消毒。深耕土地，及时清除病残体，注意放风排湿，采用高垄栽培，严格控制阴天带露水或潮湿条件下的整枝绑蔓等农事操作。

◎ 种子消毒可以用 55℃温水浸种 15 分钟。

4 药剂防治

◎ 种子消毒用硫酸链霉素 200 万单位处理种子浸种 1～2 小时，然后洗净后播种。

> 建议采用黄瓜病虫害保健性防控整体解决方案。

◎ 此病极易与靶斑病混合发生，为很好预防细菌性病害建议采用"阿加组合"配合使用防控。即 25% 嘧菌酯悬浮剂 10 毫升 47% 春雷·王铜可湿性粉剂 30 克对水 15 升喷施或淋喷，10～15 天喷施 1 次。配合田间控湿管理，实践证明防控效果理想，也可以单独采用 47% 春雷·王铜可湿性粉剂 400 倍液或 77% 可杀得 3 000 可湿性粉剂 500 倍液，或 27.12% 铜高尚悬浮剂 800 倍液喷施或灌根。每亩用硫酸铜 3 ～ 4 千克撒施后浇水处理土壤可以预防细菌性病害。

（七）枯萎病

1 症状 黄瓜枯萎病发病一般在开花接瓜初期，感病植株初期发病先表现为上部或部分叶片、侧蔓中午时间呈萎蔫状，看似因蒸腾脱水，晚上恢复原状态。而后萎蔫部位或叶片不断扩大增多，逐步遍及全株致使整株萎蔫枯死。接近地面茎蔓纵裂，剖开茎秆可见维管束变褐。湿度大时感病茎秆表面生有灰白色霉状物。

2 发病原因 枯萎病菌系镰刀菌为害通过导管维管束从病茎向果实、种子形成系统性侵染。使苗期到生长发育期均可染病。以菌丝体、厚垣孢子或菌核在土壤、未腐熟的有机肥中越冬，可在土壤中存活 8 年以上。从伤口、根系的根毛细胞间侵入，进入维管束并在维管束中发育繁殖，堵塞导管致使植株迅速萎蔫，经导管纵向发展快，逐渐枯死。发病适宜温度 24 ～ 25℃，病害发生严重程度取决于土壤中可侵染菌量。重茬、连作、土壤干燥、黏重土壤发病严重。

3 生态防治

◎ 选择抗病品种，如博美系列、金胚系列、硕密等均为较好的抗枯萎病的可供品种。

◎ 采用营养钵育苗、营养土消毒、苗床或大棚土壤处理。方法参照同前育苗防病措施。

◎ 嫁接防病：参见嫁接育苗方法。采用黄籽或白籽南瓜与黄瓜嫁接进行换根处理是当前最有效防治因重茬造成的枯萎病的方法。嫁接方式有许多种，生产中常用靠接、插接、劈接等方式。

◎ 加强田间管理，适当增施生物菌肥、磷钾肥。降低湿度，增强通风透光，收获后及时清除病残体，并进行土壤消毒。

◎ 定植时生物菌药处理：用 30 亿个活芽孢 / 克枯草芽孢杆菌可湿性粉剂（枯萎菌株系）每亩 1 000 克拌药土穴施后定植可以有较好的预防效果。

◎ 高温闷棚法：保护地棚室连作栽培的地块，应该考虑采用高温闷棚方法进行，有效降低土壤中病菌和线虫的为害。其操作顺序是：拉秧→深埋感病植株或烧毁→撒施石灰和稻草或秸秆及活化剂→深翻土壤→大水漫灌→铺上地膜和封闭大棚，持续高温闷棚 20 ～ 30 天进行土壤消毒，保持土壤温度在 50℃以上进行灭菌减害。

注意可以放置土壤测温表观察土壤温度。揭开地摸晾晒后即可做垄定植。

4 药剂防治

◎ 种子包衣消毒：即选用 6.25% 精甲霜灵·咯菌腈悬浮剂 10 毫升对水 150 ～ 200 毫升包衣 4 千克种子进行杀菌防病。或干热处理，或 40% 甲醛 150 倍液浸种。

> 建议采用黄瓜病虫害保健性防控整体解决方案。

◎ 可选用 30 亿个活芽孢/克枯草芽孢杆菌可湿性粉剂（枯萎菌株系）800 倍液或 80% 多菌灵可湿性粉剂 600 倍液，或 75% 百菌清可湿性粉剂 800 倍液，或 2.5% 咯菌腈悬浮剂 1 000 倍液，或 70% 甲基托布津可湿性粉剂 500 倍液，每株 250 毫升，分别在生长发育期、开花结果初期、盛瓜期连续灌根，早防早治效果明显。

（八）线虫病

1 症状 线虫病菜农俗称"根上长疙瘩"的病。主要为害植株根部或须根。根部受害后产生大小不等的瘤状结，剖开根结感病部位会有很多细小的乳白色线虫埋藏其中。地上植株会因发病致使生长衰弱，中午时分有不同程度的萎蔫现象，并逐渐枯黄。

2 发病原因 线虫生存在土壤 5 ～ 30 厘米的土层之中。以卵或幼虫随病残体遗留在土壤中越冬。借病土、病苗、灌溉水或跨区域秧苗运输、人为携带传播。可以在番茄、黄瓜、甜瓜、芹菜、胡萝卜、菠菜、生菜、大白菜等作物上寄生残存。在土中可存活 1 ～ 3 年。

线虫在条件适宜时寄生在须根上的瘤状物，即虫瘿或越冬卵，孵化形成幼虫后在土壤中移动到根尖，由根冠上方侵入定居在生长点内，其分泌物刺激导管细胞膨胀，形成巨型细胞或虫瘿，称根结。田间土壤的温湿度是影响卵孵化和繁殖的重要条件。一般喜温蔬菜生长发育的环境也适合线虫的生存和为害。随着北方深冬季种植黄瓜面积扩大和种植时间的延长，越冬保护地栽培黄瓜给线虫越冬创造了很好的生存条件。连茬、重茬的种植棚室黄瓜，发病尤其严重。越冬栽培黄瓜的产区线虫病害发生普遍，已严重影响了冬季黄瓜生产和效益。

3 生态防治 深耕土地，及时清除病残体。减少连茬、重茬。

4 药剂防治

◎ 无虫土育苗：选大田土或没有病虫的土壤与不带病残体的腐熟有机肥 6∶4 比例混均 1 立方米营养土加入 100 毫升 1.8% 阿维菌素乳油混均用于育苗。

◎ 高温闷棚：棚室高温、水淹灭菌：黄瓜拉秧后的夏季，土壤深翻 40～50 厘米每亩混入 6～7 立方米农家肥、4 千克

> 不提倡结瓜期施用药剂。注意残留间隔期。

腐菌酵素、10 千克尿素加入松化物质秸秆 2 500 千克，均匀撒施后深翻土地，而后浇透水（土壤含水量从视觉上看不到积水为适宜），漫灌整个种植区后覆盖地膜、棚膜高温闷棚，15 天后可深翻地再次大水漫灌闷棚持续 15 天，以有效降低线虫病的为害。处理后的土壤栽培前应注意增施磷、钾肥和生物菌肥，一般增施生物有机肥 50 千克左右。

◎ 处理土壤：每亩施用 10% 噻唑磷颗粒剂 1.5～2 千克洒水封闭盖膜 1 周后松土定植；或每亩 1.8% 阿维菌素水剂 300～400 毫升，沟施用药，或均匀施于定植沟穴内。

七 生理性病害与防治

（一）土壤盐渍化障碍

1 症状 植株生长缓慢，矮化，叶片肥大，叶色浓绿，花芽、生长点生长缓慢，叶缘呈灰白色或浅褐色枯边。苗期营养土配方施入过量尿素造成盐性土壤导致的生长障碍。连茬土壤种植田块，重症盐化的叶片枯裂。盐渍土壤中的根系溃烂，疏导组织咸化褐变、茎蔓干枯，茎表

含有一层白色盐渍霜。

2 发病原因 在追求棚室黄瓜高产、高效益的利益驱动下，长期的重茬、连茬，使有机肥严重不足，大量施用化肥种植的地块经常发生黄瓜营养不良或偏施化肥补充营养现象。长期施用化肥，会使土壤中的硝酸盐在土壤中逐年积累。由于肥料中的盐分不会或很少向下淋失，造成土壤中的盐分就借毛细管水上升到表土层积聚，长久积累的盐分在地表形成厚厚的绿苔。严重的地面呈红褐色。盐渍的积聚使土壤中植株根压的过小造成各种养分吸收输导困难，植株生长缓慢。土壤中植株根压过小，反而向植株索要水分造成局部水分倒流，同时保护地棚室中的温度高，水分蒸发量大，叶片因根压不足吸水和养分不足，呈叶缘枯干，重症呈现盐渍化状态枯萎。

3 救治方法

◎ 增施有机肥，测土施肥，尽量不用容易产生土壤盐类的化肥，例如硫铵。结合高温闷棚做秸秆反应堆进行土壤改良，深翻土壤，增施腐熟秸秆松软性物质，加强土壤通透性和吸肥性能。

◎ 可以考虑使用亚联肥改善连作土壤环境。使用松土精或阿克吸改善盐化土壤的吸水和养分输导系统功能。

◎ 重症地块灌水洗盐，泡田淋失盐分。及时补充因流失造成的钙镁等营养元素。

（二）低温障碍

1 症状 叶片大小正常，叶肉伸展皱缩，叶色稍有褪绿，呈现掌状花叶症。叶脉生长正常，叶脉周围生出点状黄褐色斑点，黄色斑点仅发生在黄瓜的下部叶片，中上部一般没有此类现象发生。叶片深绿，叶缘微外卷，叶肉细胞水分充盈呈泡状，有白化褪绿现象。持续时间越长泡斑会连片。

深冬长时间处于寒冷环境，棚室温度低于生存温度 6 ～ 8℃或早春季遭遇连阴天，植株停止生长，生长点呈簇状（即瓜打顶）。

重度寒冷受到霜冻的黄瓜植株叶片逐渐褪绿白化直至死亡。

2 发病原因 黄瓜是喜温作物，它在寒冷的环境里耐受程度是有限的。温度低于 12℃时植株停止生长，当冬春季或秋冬季节栽培或育苗时，在遭遇寒冷，长时间低温或霜冻时黄瓜植株本身会产生因低温障碍的寒害症状。黄瓜的生长适温昼温22～29℃，夜温18～22℃才可以充分生长发育。低于15℃发育迟缓，低于12℃时会引起生理性紊乱，茎叶停止生长。低于6℃植株就会受寒害，低于2℃时会引起冻害，生存在寒冷的环境里叶肉细胞会因冷害结冰受冻死亡，突然遭受零下温度会迅速冻死。

秋延后季节温差大，夜晚未及时加盖棚膜黄瓜昼夜温差在白天30℃，夜晚6～8℃这样大温差的生存环境里，植株叶片受到短时间的低温伤害，从而引起低温障碍的花叶现象。

早春棚室定植时，经常遇到霜冻，夜晚气温急剧下降2～5℃。即温度缓慢降到冰点以下时，被导管输送到叶脉附近的水分会因气温降低输送缓慢或停止，叶片细胞间隙中的细胞壁附近的水分会结成冰粒破坏叶肉细胞受冻坏死。白天升温时冰点融化，叶片呈现冰点黄褐色坏死斑。随着气温的逐渐升高这种现象会慢慢消失。

如果昼夜气温持续徘徊在8～18℃时，或连阴天，雾霾天气，土壤湿度过大，棚室密闭，光照不足，叶片蒸腾受到抑制，根系吸收上来的水分大量滞留在细胞间隙或之中，造成细胞和叶肉组织水分充盈会形成水浸状泡斑。持续时间越长泡斑连片，叶片渐渐失绿，逐渐变成灰褐色的枯死斑。

3 救治方法

◎ 选择耐寒、抗低温、弱光的优良品种。如满贯、津优系列、博美系列、博新315、硕研系列等。

◎ 根据生育期确定地温保苗措施避开寒冷天气移栽定植。

◎ 苗期育苗注意保温，可采用加盖草毡，棚中棚加膜进行保温，抗寒。

◎ 突遇霜寒，应进行临时加温措施，烧煤炉，或铺施地热线、土炕等。

◎ 定植后提倡全地膜覆盖，或多层保温覆盖，可有效保温增温。降低棚室湿度，进行膜下渗浇，小水勤浇，切忌大水漫灌，有利于保温排湿。有条件的可安装滴灌设施，即可保温降湿还有效地降低发病机会。做到合理均衡的施肥浇水，是无公害蔬菜生产管理的必然趋势。

◎ 喷施抗寒剂，可选用 3.4% 碧护可湿性粉剂 7 500 倍液（1 克药 / 袋对水 15 升，或 90% 益施帮生命激活剂 800 倍液，或红糖 50 克对水 15 升加 0.3% 磷酸二氢钾喷施。

（三）缺钾症

1 症状 钾可在植株体内移动，植株缺钾时老叶的钾就会移动到生长旺盛的新叶，从而导致老叶缺钾。在生长早期，缺钾的叶缘出现轻微的黄化现象，继而叶缘枯死，随着叶片不断生长，叶向外侧卷曲。

2 发病原因 虽然氮钾肥在复合肥的施入量常常是等同和同步的，但是钾在黄瓜中的吸收量是氮肥的 1 ～ 2 倍。因此，在施入有机肥不足，补充含有氮钾的复合肥时，对连年种植地块，钾会越来越少。生长后期出现缺钾现象经常发生。磷肥的过量施用会导致钾肥吸收的减少。在沙性土壤栽培时易缺钾。有机肥和钾肥施用量小，满足不了生长需要。地温低、湿度大、日照不足，会阻碍钾的吸收。施用氮肥过多，也会影响对钾肥的吸收。

3 救治方法

◎ 使用足够的钾肥，特别在生育的中、后期，注意不可缺钾；每株对钾肥的吸收量平均为 7 克，确定施肥量要考虑这一点；施用优质生物钾肥；如果钾不足，每亩可一次追施生物钾速效钾肥 3 ～ 5 千克。缺钾时也会影响铁的移动、吸收。因此，补充钾肥的同时，应该及时补铁，二者同时进行。

> 建议用第三代螯合微肥系列，例如螯合铁、瑞培绿、新禾铁加 0.3% ～ 1% 硫酸钾、氯化钾喷施，或施用生物钾肥及时补充速效钾等。

（四）缺镁症

1 症状 在生长发育过程中，下位叶的叶脉间叶肉渐渐失绿变黄，进一步发展，除了叶缘残留点绿色外叶脉间均黄化。当下位叶的机能下降，不能充分向上位叶输送养分时，其稍上位叶也可发生缺镁症；缺镁症状和缺钾相似，区别在于缺镁是先从叶内失绿，缺钾是先从叶缘开始失绿；该症状品种间发生程度及表现有差异。

2 发病原因 镁是植株必需的元素之一。由于施氮肥的过量造成土壤呈酸性影响镁肥的吸收，或钙中毒造成碱性土壤也影响镁的吸收从而影响叶绿素的形成。造成叶肉黄化现象。低温时，氮磷肥过量，有机肥的不足也是造成土壤缺镁的重要原因。根系损伤对养分的吸收量下降，其引起最活跃叶片缺镁的现象也是不容忽视的。栽培土壤中含镁量低的沙土、沙壤土，未施用镁肥的露地栽培地块均易发生缺镁。

3 救治方法

◎ 增施有机肥，底肥施足中量元素硼锌镁钙肥如昆卡 2 千克。合理配施氮磷肥，配方施肥非常重要，及时调试土壤酸碱度改良土壤，避免低温。寒冷季节，除了增加温度或保温外，要及时补充镁肥提高抗寒能力。如缺镁，在栽培前要施足够镁肥；注意土壤中钾、钙含量，保持土壤适当的盐基水平。补镁的同时应该加补钾肥、锌肥。多施含镁、钾肥的厩肥。

◎ 叶片可喷施古米叶、镁钙镁和螯合镁、瑞培镁、90% 易施帮 500 倍液等微肥。

（五）缺硼症

1 症状 硼可参与碳水化合物在植株体内的分配，缺硼时生长点坏死，花器发育不完全。新叶生长、茎与果因缺硼生长停止，叶缘黄化并向叶缘纵深枯黄呈叶缘宽带症、果皮组织龟裂、硬化。停止生长的果实典型症状即常说的网状木栓化瓜。

2 发病原因 大田作物改种植蔬菜后容易缺硼。多年种植蔬菜连茬、重茬，有机肥不足的碱性土壤和沙性土壤，施用过多的石灰降低了硼的有效吸收。干旱、浇水不当，施用钾肥过多，钾肥过剩都会造成硼素缺乏。

3 救治方法 改良土壤，多施厩肥，增加土壤的保水能力，建议施用具有保水功能的阿克吸，改善土壤水分持续吸收能力。合理灌溉。及时补充硼肥，叶面喷施建议使用螯合硼系列。例如，持效硼，叶面喷施古米硼、瑞培硼、新禾硼。避免因单一使用化学元素硼砂类物质对土壤造成二次碱性伤害。

八 黄瓜病虫害保健性防控整体解决方案（整体防控大处方）

（一）春季设施黄瓜保健性防控方案（3～6月）

第一步：定植前土壤封闭处理，40毫升62.5克/升精甲霜灵·咯菌腈悬浮剂（亮盾）对水60升，喷施穴坑或垄沟。

> 此步防控黄瓜茎基腐病和猝倒病，烂根、死棵。

第二步：随移栽黄瓜采用25%嘧菌酯悬浮剂（阿米西达）50毫升+噻虫嗪悬浮剂（锐胜）40毫升对水60升随浇定植水之后灌根，45天/次。

> 此步防治黄瓜根腐、烂根和净化土壤根系生存环境烟粉虱和蚜虫，壮秧，持效期45天，辅架设防虫网和黄板。

第三步：完成上述灌根后30～45天后喷施56%嘧菌酯·百菌清悬浮剂（阿米多彩）20毫升对水15升1次，30升药液/亩，8～10天/次。

> 喷施完第一次后间隔8～10天再进行下一步。

第四步：喷25%喷嘧菌酯悬浮剂（阿米西达）1次10毫升对水15升，15天/次。

第五步：喷23.4%双炔酰菌胺悬浮剂1次，15毫升对水15升，14天/次。

第六步：灌根25%嘧菌酯悬浮剂（阿米西达）+47%春雷王铜可湿性粉剂混用1次，200毫升/亩灌根或冲施滴灌。

第七步：喷氟吡菌胺（啶酰菌胺）1次,15毫升对水15升,10天/次。

第八步：喷32.5%嘧菌酯·苯醚甲环唑悬浮剂（阿米妙收）1次，10毫升对水15升。15天/次。

第九步：喷 32.5% 吡唑萘菌胺·唑菌酯悬浮剂（绿妃）10 毫升对水 15 升，10 ～ 12 天 / 次。

↓

第十步：喷百菌清可湿性粉剂 100 克对水 45 升，直到收获。 ← 可视周围病害防控实际发生情况放弃或继续进行药剂防控。

全程防控 95 ～ 120 天。

（二）秋季设施黄瓜保健性防控方案（7 ～ 10 月）

第一步：定植前土壤封闭处理，40 毫升 62.5 克 / 升精甲霜灵·咯菌腈（亮盾）悬浮剂对水 60 升，喷施穴坑或垄沟。 ← 此步防控黄瓜茎基腐病和猝倒病，防止烂根、死棵。

↓

第二步：随移栽黄瓜采用 25% 嘧菌酯悬浮剂（阿米西达）50 毫升 + 噻虫嗪悬浮剂（锐胜）40 毫升对水 60 升随浇定植水之后灌根。 ← 此步防治黄瓜根腐、烂根和净化土壤根系生存环境烟粉虱和蚜虫，壮秧，持效期 45 天，辅架设防虫网和黄板。

↓

第三步：从移栽田间缓苗后开始预防喷施用药：56% 嘧菌酯·百菌清悬浮剂（阿米多彩）20 毫升对水 15 升，喷 1 次，30 升药液 / 亩，8 ～ 10 天 / 次。 ← 完成第一次喷药后隔 7 ～ 10 天以后再进行第二步操作，依此类推。

↓

第四步：阿加组合，即 10 毫升 25% 嘧菌酯悬浮剂（阿米西达）30 克 +47% 春雷·王铜可湿性粉剂混用 1 次，对水 15 升，10 天 / 次。

第五步：1 次施用 23.4% 双炔酰菌胺悬浮剂 15 毫升对水 15 升，12 天 / 次。

↓

第六步：根灌 25% 嘧菌脂悬浮剂（阿米西达）1 次，100 ～ 150 毫升滴灌或冲施沟灌或淋灌植株施药，15 天 / 次。

第七步：32.5% 吡唑萘菌胺·嘧菌酯悬浮剂（绿妃）10 毫升对水 15 升，10 ～ 12 天 / 次。

第八步：氟吡菌胺（啶酰菌胺）+47% 春雷·王铜可湿性粉剂 1 次，15 毫升 +30 克对水 15 升，10 天 / 次。

第九步：机动掌握施用 75% 百菌清（可湿性粉剂）100 克对水 45 升，直至收获。 ◀── 可视周围病害防控实际发生情况放弃或继续进行药剂防控。

全程防控 68 ～ 78 天。

（三）越冬设施黄瓜保健性防控方案（11 月至翌年 5 月）

第一步：定植前土壤封闭处理：40 毫升 62.5 克 / 升精甲霜灵·咯菌腈悬浮剂（亮盾）对水 60 升，喷施穴坑或垄沟。 ◀── 此步防控黄瓜茎基腐病和猝倒病，烂根、死棵。

第二步：随移栽黄瓜采用 25% 嘧菌酯悬浮剂（阿米西达）50 毫升 + 噻虫嗪悬浮剂（锐胜）40 毫升对水 60 升，随浇定植水之后灌根。 ◀── 此步防治黄瓜根腐、烂根和净化土壤根系生存环境，防治烟粉虱和蚜虫并壮秧，持效期 45 天，辅架设防虫网和黄板。

第三步：从移栽田间缓苗后开始预防喷施用药：56% 嘧菌酯·百菌清悬浮剂（阿米多彩）20 毫升对水 15 升，喷 1 次，30 升水 / 亩，8 ～ 10 天 / 次。 ◀── 喷施完第一次后间隔 8 ～ 10 天后再进行下一步，从移栽田间缓苗后开始 7 ～ 10 天。

第四步：喷 25% 嘧菌酯悬浮剂（阿米西达）10 毫升 +47% 春雷·王铜可湿性粉剂 30 克混用 1 次，对水 15 升，10 天 / 次。

第五步：喷 25% 双炔酰菌胺悬浮剂 1 次，15 毫升对水 15 升，12 天 / 次。

第六步：喷 32.5% 吡唑萘菌胺·嘧菌酯（绿妃）10 毫升 +47% 春雷·王铜可湿性粉剂 30 克混用，对水 15 升，10 ～ 12 天 / 次。

第七步：根灌 25% 嘧菌酯悬浮剂（阿米西达）1 次，60 ～ 100 毫升滴灌或冲施沟灌，或淋灌植株施药，25 天 / 次。

第八步：喷 32.5% 嘧菌酯·苯醚甲环唑悬浮剂（阿米妙收）1 次，10 毫升对水 15 升，7 ～ 10 天 / 次。

第九步：喷 32.5% 吡唑萘菌胺·嘧菌酯悬浮剂（绿妃）10 毫升 +3.4% 赤·吲乙·芸可湿性粉剂 3 克对水 15 升，12 ～ 14 天 / 次。

第十步：喷咯菌腈（卉友）3 克对水 15 升，10 天 / 次。 ← 重点喷瓜头。

第十一步：喷 56% 喷嘧菌酯·百菌清悬浮剂（阿米多彩）20 毫升对水 15 升，喷 1 次。 ← 如果没有病害发生可在 10 天后连续再用 1 次该药剂，以期降低用药成本。

第十二步：根灌 25% 嘧菌酯悬浮剂（阿米西达）1 次 60 ～ 100 毫升滴灌，或冲施沟灌，或淋灌植株施药，30 天 / 次。

第十三步：喷 32.5% 吡唑萘菌胺·嘧菌酯悬浮剂（绿妃）10 毫升 +3.4% 赤霉素·吲哚乙酸·芸苔素内酯可湿性粉剂（碧护）3 克对水 15 升，10 ～ 12 天 / 次。

第十四步：喷咯菌腈（卉友）3 克对水 15 升，20 天 / 次。

第十五步：喷百菌清可湿性粉剂 100 克对水 45 升，直至收获。可视黄瓜健康情况，掌握后期施药次数。

预防措施。即用适乐时药液对黄瓜花进行蘸花防灰霉处理。注意细菌性病害，及时选用"阿加组合"即嘧菌酯·春雷·王铜组合施药。

第三篇

设施辣（甜）椒栽培与病虫害绿色防控技术

一 辣（甜）椒生物学特性

（一）概述

辣椒为茄科辣椒属一年生或多年生草本植物，甜椒是辣椒的一个变种。辣椒植株较开展，分枝能力强，叶片小，比甜椒的叶窄而长，根系发达，果实多呈羊角形、牛角形、线形、圆锥形，果肉较薄，胎座不发达，形成较大空腔，辣椒种子腔多为2室，果实含有辣椒素，果味辛辣。

甜椒与辣椒相比植株较紧凑，分枝少，叶片大，果实多为灯笼形、扁圆形，果实个大肉厚，空腔大，胎座肥厚，组织松软，种子腔多为3～6心室。果实无辣味，微甜，果肉含糖含水分多，含油分少。甜椒根系比辣椒弱，不耐旱，抗病耐热能力也不及辣椒强，故在我国北部地区及南方秋冬栽培生长较好。

因甜椒叶大，生长势较强，光合效率较高，所以，一般品种的产量都比辣椒高，要想达到辣（甜）椒高产高效栽培目的，必须了解辣（甜）椒生长发育对环境条件的要求，通过采用科学的管理措施满足其对环境条件的要求，才能获得优质高产高效益。

（二）环境条件要求

1 温度 辣（甜）椒喜温，不耐霜冻，对温度的要求与茄子类似而显著高于番茄。种子发芽适宜温度为25～30℃，在此温度下约4天左右出芽，低于15℃时不易发芽。幼芽要求较高的温度；生长适宜温度白天为25～30℃，夜晚为20～25℃，地温为17～22℃。生产上，为避免幼苗徒长和节约能源，也可采用低限温度管理，一般白天23～26℃，夜晚18～22℃。随着幼苗的生长，对温度的适应性也逐渐增强，定植前经过低温锻炼的幼苗，能在低温下（0℃以上）不受冷害。开花结果初期适宜的温度白天为20～25℃，夜晚为16～20℃，温度低于15℃时则将影响正常开花坐果，导致落花或落果。盛果期适宜的温度为25～28℃，35℃以上的高温和15℃以下的低温均不利于果实的生长发育。辣（甜）椒成株对高温和低温有较强的适应能力，华北地区春季栽培的辣（甜）椒也能安全越夏直至晚霜来临前结束生长（即恋秋栽）。但不同类型品种之间，对温度的要求也有显著差异，一般辣椒（小果型品种）要比甜椒（大果型品种）具有更强的耐热性。

2 光照　辣（甜）椒对日照时间具有较强的适应性，只要有适宜的温度和良好的营养条件，都能顺利进行花芽分化，但在 10～12 小时较短的日照条件下能较早地开花结果。辣（甜）椒种子萌发需要黑暗条件，但植株的生长需要良好的光照。辣（甜）椒进行光合作用的光饱和点约为 30 000 勒克斯，光补偿点约为 1 500 勒克斯，过强的光照易抑制植株生长。在华北地区春季塑料大棚或塑料小拱棚内栽培的甜椒，其植株的生长势远比露地栽培要强，过强的光照易引起果实患日灼病，但光照过弱则易植株生长衰弱，导致落花落果。

3 水分　辣（甜）椒在茄果类蔬菜中既不耐旱，又怕涝，其植株本身需水量虽不大，但由于根系不发达，故需经常浇水，才能获得丰产。一般大果型品种的甜椒对水分要求比小果型品种的辣椒更为严格，尤其是开花坐果期和盛果期，如土壤干旱、水分不足，则极易引起落花落果，并影响果实膨大，使果面多皱缩、少光泽，果实弯曲，降低商品品质。植株在日间持续积水或土壤水分较长时间呈饱和状态时，植株易受渍涝，造成萎蔫、死秧或引起疫病流行。此外，空气相对湿度过大或过小时，也易引起辣（甜）椒的落花落果。过大的空气湿度还容易引发病害的流行。一般空气相对湿度以 60%～70% 为宜。

4 土壤　辣（甜）椒对土壤条件要求不严格。为获得高产，一般以肥沃，富含有机质，保水保肥力强，排水良好，土层深厚的沙壤土为宜。辣（甜）椒对土壤的通气条件要求较高，通透性高的土壤有利于根系的生长发育，能更好地吸收矿质元素。土壤中的各种有机物能大大改善土壤通透性。

5 肥料　辣（甜）椒对氮、磷、钾肥要求较高。氮素肥料不足，则植株长势弱，株丛矮小，分枝不多，叶量不大，花数减少，果实也难于充分膨大，并使产量降低。充足的磷、钾肥则有利于提早花芽分化，促进开花、坐果和果实膨大，并能使茎秆生长健壮，有利于增强植株的抗病能力。但在不同的生育期，辣（甜）椒对氮、磷、钾肥料三要素的需求也有区别。幼苗期，由于生长量小，要求肥料的绝对量并不大。但苗期正值花芽分化时期，要求氮、磷、钾肥配合使用。初花期，植株营养生长还很旺盛，若氮素肥料过多，则易引起植株徒长，进而造成落花落果并降低对病害的抗性。进入盛花、坐果期后，果实迅速膨大，则需要大量的氮、磷、钾三要素肥料。一般恋秋栽培的辣（甜）椒，越夏后需较多氮肥，以利于秋季新生枝叶的抽生。此外，不同类型辣（甜）椒对肥料要求也不尽相同，一般大果型、甜椒类型比小果型、辣椒类型所需氮肥较多。

二 茬口安排与品种选择

我国北方辣（甜）椒保护地生产主要有以下几种形式：日光温室栽培有冬春茬、秋冬茬，塑料大中拱棚栽培有春提前和秋延后茬口，这几种栽培茬口对改善辣（甜）椒的周年供应，尤其是对丰富冬春季蔬菜市场起到了良好的作用。

根据棚室的设施类型、种植模式。慎重选择适宜的品种。越冬茬一般选用耐低温、耐弱光的品种如红罗丹、索菲娅、世纪红等；早春选用玛索、冀研 12、冀研 13 号、农大冀星 7 号、硕源 3 号品种；越夏露地品种选用耐热、耐强光的品种。

辣（甜）椒越冬棚室所用塑料薄膜最好使用紫光膜（醋酸乙烯转光膜）或聚乙烯白色无滴膜，以使透光性好和最大限度减少因雾滴产生的霉菌污染。

注意事项

根据当地市场销售渠道和价格优势选择品种，根据种植模式、季节及管理水平选择优质、高产、抗性强的品种。不选择没有在当地经过示范试验的品种，避免不必要的经济损失和减产纠纷。买种子不同于买农药，若农药的药效不理想，还可以补救，用其他农药进行救治。种子一旦出现问题，则错过种植季节，这就是农民常说的"有钱买籽，没钱买苗"的道理。更不要听从不负责任的种子经销商的诱惑和忽悠。在没有经过当地技术部门大面积示范的前提下，任何许诺、

诱使、赊欠种子的行为，都会给菜农埋下经济损失的隐患，这方面的教训是惨痛的。尤其是越冬、早春栽培品种，其品种的耐寒性、弱光性、低温下的坐果率都是影响辣（甜）椒经济效益的重要因素，这些都是选择品种的关键。

三 育苗技术

辣（甜）椒在 3～4 片真叶时开始花芽分化，在甜椒 7 片真叶展开时，相继分化形成的花芽有门椒、对椒、四门斗，总计有 5～7 个花芽，到 11 片真叶展开时已有 24～28 个花芽形成，到 17 片真叶展开时，植株已现蕾开花，内部花芽总数多达 49～58 个。因此，培育壮苗，苗子营养条件好，花芽分化形成的优质花芽多，花的质量优良，花芽壮，为辣（甜）椒丰产打下良好基础，农谚说得好："苗好三成收"。壮苗是丰产的基础，培育出苗壮为以后的丰产打下基础。

首先，应从外表特征上区别出壮苗、徒长苗、老化苗（表 8）。

表8 壮苗、徒长苗与老化苗的典型特征

壮苗的特征	茎秆粗壮，节间短，根系发达、完整，株高 18～20 厘米，8～10 片真叶，叶片肥厚，叶色浓绿，已出现花蕾，无病虫害，无损伤，大小均匀一致，并且经充分锻炼的幼苗为壮苗。一般冬春育苗需 80～100 天，夏秋季育苗需 40～60 天。壮苗一般抗逆性强，定植后发根快，缓苗快，生长旺盛，开花结果早、产量高，是理想的苗。
徒长苗的特征	茎细长，节间长，须根少而细弱，叶薄色淡，叶柄较长，子叶脱落，下部叶子往往枯黄，徒长苗抗逆性和抗病性均较差，定植后缓苗慢，生长慢，容易落花落果，比壮苗开花结果晚，易感病，不易获得早熟高产。
老化苗的特征	茎细弱，节间紧缩，根少色暗，叶小色浓绿或带黄，幼苗生长缓慢，开花结果迟，结果期短，容易衰老。

育苗设施包括冬春季和秋冬季育苗，外界气温较低，应在日光温室或小暖窖（改良式阳畦）等保温设施内育苗；夏秋季育苗，正值高温、雨季，应在既能防雨又能降温的遮阳防雨棚内育苗。

（一）育苗方式

1 常规育苗（地畦育苗） 直接就地做畦育苗，育苗畦床土要求一是土壤疏松，通气性好，二是肥沃，营养齐全，三是酸碱适宜，一般要求中性至微酸性到微碱性，四是不含或少含病原菌和害虫（卵）。

育苗期间不分苗，一般供 1 亩地生产用苗，需要播种育苗面积 30 ～ 40 平方米；如果进行分苗，供 1 亩地生产用苗，需要播种面积 10 平方米左右，分苗面积 30 ～ 40 平方米。播种前需要平整床土，每 15 平方米施入过筛优质腐熟有机肥（马粪）100 ～ 150 千克，再加氮磷钾复合肥 1 ～ 1.5 千克。搂平以备播种或分苗用。为了防止苗期病害（猝倒病、立枯病），播种时可用药土，1/3 作底土，2/3 作盖土。药土的配制：1 平方米播种面积用 50% 百菌清可湿性粉剂 8 ～ 10 克与 13 千克细土充分搅拌均匀，待底水渗完后，先于床面撒 1/3 药土，播种后再撒 2/3 药土做盖土，厚度不够时加盖一般床土补足覆土厚度至 1 厘米左右。

2 营养钵育苗 这是当前农民常用的方式。营养钵用聚乙烯塑料压制而成，多数产品上口大，底部小，底部有排水孔，如小花盆状。辣（甜）椒常用的规格为 10 厘米 ×10 厘米或 10 厘米 ×8 厘米两种，将营养土装入育苗钵中，摆放在畦内备用。

3 营养土块育苗 应用已经配置好的营养草炭土压制成块的定型营养块。在做好的育苗畦上铺一层塑料薄膜，按 10 厘米行距，6 ～ 8 厘米株距，将营养块摆放在畦内，块间隙可用细砂填平。直接播种至土块穴中覆土，按常规管理法即可。

4 穴盘工厂化育苗 以草炭、蛭石等轻基质材料作育苗基质，采用机械化精量播种，一次成苗的现代化育苗体系，是 20 世纪 70 年代发展起来的一项新的育苗技术，由于这种育苗方式选用的苗盘分格室，播种时 1 穴 1 粒种子，成苗时 1 室 1 株，并且成株苗的根系与基质能够相互缠绕在一起，根坨呈上大底小的塞子形，故美国把这种苗称为塞子苗，把这套育苗体系称为塞子苗生产。我国引进以后称其为机械化育苗或工厂化育苗，目前多为穴盘育苗。辣（甜）椒穴盘育苗一般采用72孔或128孔穴盘。

穴盘育苗省工、省力、效率高；节省能源、种子和育苗场地；采用基质育苗，不用营养土，可以避免根部病害的土壤传播。幼苗的抗逆性增加；并且定植时不伤根，减少病菌侵入机会；没有缓苗期，有利于培育壮苗。穴盘苗重量轻，每株重量仅为30～50克，是常规苗的6%～10%；基质保水能力强，根坨不易散，可以保证运输当中不死苗，适宜远距离运输。另外，在经济发达、技术水平较高的老菜区，为减少土传病害侵染，减少伤根，农户也可采用穴盘育苗。在夏秋高温季节育苗为减少伤根和病害，也可采用穴盘育苗。

（二）营养土配制

塑料营养钵育苗和穴盘育苗都需要在育苗容器中装入根据幼苗生长发育需要经人工配制混合好的肥沃营养土。营养土基本要求：没有病原菌和害虫；营养丰富并且各组分比例适当，包括缓效性有机养分与速效性无机养分之间、各营养元素之间等；结构良好，疏松适度，透气性和保水性适中。育苗容器不同，配制营养土所要求的基质也不同。

1 营养钵育苗营养土的配制 选用3年未种过茄果类蔬菜的肥沃表层沙壤土50%，加腐熟过筛的厩肥50%，1立方米加入0.5～1千克氮磷钾复合肥。配好料后，将土壤与肥料充分混合均匀，然后装入营养钵，摆放在畦内备用。

2 穴盘育苗营养土的配制 选用草炭与蛭石为基质的，其比例为2：1，或选用草炭与蛭石加废菇料为基质的，其比例为1：1：1。配制基质时加入氮：磷：钾为15：15：15的复合肥2.5～2.8千克每立方米基质；或1立方米基质中加入尿素1.3千克，再加磷酸二氢钾1.5千克；或单加磷酸二铵2.5千克。肥料与基质混拌均匀后备用。128孔的育苗盘每1000苗盘备用基质约3.7立方米，72孔的育苗盘每1000苗盘备用基质约4.7立方米。覆盖料一律用蛭石。

（三）消毒处理

1 苗床土消毒 主要有两种方法，可根据需要选择使用。

药剂喷淋	在播前床土浇透水后，用 68% 精甲霜灵·锰锌水分散粒剂 500 ～ 600 倍液喷洒苗床，1 平方米喷洒 2 ～ 4 升。播种的覆土后再用该药液对苗床表面进行封闭杀菌，可以有效防治猝倒病、立枯病等。
拌药土	用 68% 精甲霜灵·锰锌水分散粒剂和 50% 多菌灵可湿性粉剂 1：1 混合，按 1 平方米用药 100 克与 15 千克细土混合，播种时 1/3 铺在床面，2/3 覆在种子上，使甜椒种子夹在两层药土中间，防止病菌侵入。注意覆土时保证种子上面覆土厚度为 1 厘米左右。

❷ 育苗器具消毒 对于多次使用的育苗器具（如营养钵、育苗盘等），为了防止其带菌传病，在育苗前应当对其消毒。可以用 40% 福尔马林 300 倍液或 0.1% 高锰酸钾溶液喷淋或浸泡育苗器具进行消毒。

❸ 种子消毒 播种前，种子要进行消毒，杜绝种子传毒、传病。采用温汤浸种法 55℃温水浸种 20 ～ 30 分钟后，清水浸种 3 ～ 4 小时，然后再用 1% 硫酸铜浸种 5 分钟，可防止炭疽病和疫病的发生。药剂浸种完成后，用清水冲洗干净，再用 10% 磷酸三钠溶液浸种 30 ～ 40 分钟，可钝化病毒的活性，防止病毒病的发生，用清水冲洗干净。或用 200 毫克/升的农用链霉素药液浸种 30 分钟，对防治疮痂病、青枯病效果较好，或用 0.3% 高锰酸钾溶液浸泡 20 ～ 30 分钟，可防治病毒病。

（四）催芽

把浸好的种子用湿布包好，放在 25 ～ 30℃的条件下催芽。每天早晚用清水冲洗一次，当大部分种子露白出芽后即可播种。

（五）播种

无论采用常规育苗床育苗还是穴盘育苗，播种前，一定浇足底水。采用常规地畦育苗床育苗，播种一般采用撒播或条播。撒播要均匀，为了使撒播种子在苗床上分布均匀，播种前在催芽种中掺些沙子，使种子松散。条播种子前，注意开沟不能太深，防止覆土过厚导致出苗困难；营养钵育苗，将种子穴播于营养钵内；穴盘育苗，打孔播种，其上覆盖蛭石 1 ～ 1.2 厘米。覆土后应当立即用塑料薄膜覆盖床面、育苗盘等保湿。

播种至出苗容易出现的问题

播种是一项细致且技术性较强的工作，稍一疏忽就会出现问题。须注意以下几方面。

床土板结 播种后出苗前因苗床干旱浇水，床土表面结成硬皮，称为床土板结。床面板结阻止空气流通，妨碍种子发芽时对氧气的需求，不利于种子发芽。已发芽的种子被板结层压住，不能顺利钻出土面，致使幼苗细茎弯曲，子叶发黄，不利于培育壮苗，因此床土应疏松透气。

不出苗 播种后种子不出苗的原因主要有两方面：一是种子质量低劣，失去发芽力的陈旧种子不能正常出苗。二是育苗环境条件不适。育苗时值高温多雨季节，温度过高，超过35℃以上，湿度过大也会阻止种子发芽，甚至已发芽的种子死亡；温度过低，长期低于15℃以下，使萌芽的种子引发沤根沤芽而不出苗。

出苗不整齐 出苗不整齐有两种情况。一种情况是出苗的时间不一致，会给管理增加困难；另一种情况是整个畦内秧苗分布不均匀。

幼苗顶壳出土（子叶戴帽） 播种后覆土较薄，幼苗出土时由于土壤阻力小，使种壳不能留在土壤中，而随子叶戴帽出土，使子叶伸展不开，影响长势。为了防止甜椒"戴帽苗"的出现，播种时应该注意将种子扁平放在营养土面上，使种子与营养土紧密接触，覆土不要过薄，以1～1.2厘米厚为宜。

（六）苗期管理

1 温度 种子发芽适宜温度为25～30℃，温度过高、过低都不利于出苗和秧苗生长。冬春季育苗外界气温较低，应采用增加透光、密闭棚室、夜间增加草苫等增温保温措施；夏秋季育苗，外界气温较高，应采用遮阳降温、通风降温等措施，使温度尽量控制在发芽适宜温度范围和幼苗生长适宜温度范围（表9）。

表9　甜椒苗期适宜温度管理

时期	适宜日气温（℃）	适宜夜气温（℃）	需通风温度（℃）	适宜地温（℃）
播种—齐苗	25～30	20～22		22
齐苗—分苗	23～28	18～20	30	22
分苗—缓苗	25～30	18～20	32	20
缓苗—定植前	23～28	15～17	30	20

2 光照　冬春季育苗应及时揭开草苫，增加光照时间，提高苗床温度，促进出苗和秧苗生长。夏秋季育苗播种后适当遮光降温，促进出苗。发现幼苗拱出土，及时揭除苗床覆盖物，让幼苗及时见光，防徒长。注意在子叶顶土期间，晴天中午前后气温过高，棚顶用遮阳网等遮阴，防止烤坏子叶（嫩芽）。出苗后逐渐撤去遮阳网，增加光照，防止徒长，培育壮苗。

3 水分　出苗过程中，如果床土逐渐干燥，出现干旱情况，应适当补充水分。为了防止床土板结，应当用多孔喷壶有顺序地从一端向另一端喷洒，但不宜多次重复喷洒，使床土保持湿润，避免床土板结过硬而降低出苗率。苗齐后土壤干旱，可适当浇小水。

3～4片真叶期，甜椒幼苗开始花芽分化。这一时期温度、光照和水分管理对产量特别是早期产量影响很大。苗期保持土壤的湿度，有利于优质花芽的形成。

> **防止徒长**　夏秋育苗时，外界气温较高，幼苗容易徒长。子叶出土到真叶破心是管理的第一个关键期，此期甜椒苗下胚轴最容易徒长，所以应该在子叶出土后立即降低地温和气温，白天尽量增加光照，使子叶尽快绿化。如果白天弱光加上夜间高温，不仅加剧徒长，而且容易导致猝倒病的发生和蔓延。
>
> 使用药物防止徒长。幼苗4～5片真叶徒长时，可喷洒浓度为20～25毫克/升的矮壮素（即5千克水对0.1～0.125克的矮壮素药剂），能促进幼苗叶色转浓绿，节间短粗，控制徒长。

4 施肥　如果营养土配制时施入的肥料充足，整个苗期可不用施肥，如果发现幼苗叶片颜色变淡，出现缺肥症状时，可喷施少许质量有保证的磷酸二氢钾，使用 500 倍液。育苗过程中，切忌苗期过量追施氮肥，以免发生秧苗徒长影响花芽分化。穴盘育苗，当基质中肥料不足，幼苗长到 3 叶 1 心时期以后，出现缺肥症状时，结合喷水进行 2～3 次叶面喷肥，以氮磷钾复合肥或磷酸二氢钾加尿素为宜，浓度为 0.3%～0.4%。

（七）定植前秧苗锻炼

经过锻炼的幼苗，可提高抗寒、抗旱、抗病虫的能力。定植前秧苗锻炼的方法主要有以下方式。

1 低温锻炼　大棚春季早熟栽培，常应用该种方法炼苗。低温锻炼时，白天温度可降到 20℃左右，夜间在保证秧苗不受冻的限度内，应尽量降低温度，一般可降到 10℃左右。苗床温度的降低要逐步进行，不可突然降低过多，以免引起秧苗受伤害。一般情况下在定植前 7～10 天，白天逐步加大通风量，定植前 3～5 天夜间可不用覆盖草苫等保温材料，使秧苗所处温度条件与定植环境一致。

2 控制浇水　在苗床内温度过高、光照不足、氮肥偏多的情况下，如果湿度较高，容易引起徒长。适当控制浇水，可控制秧苗上部分的生长，同时增加了土壤的通气程度，有利于促进根系生长。在定植前 10 天应减少苗床的浇水次数，在秧苗不发生干旱萎蔫的情况下不必浇水。

3 蹲苗　所谓蹲苗就是采取人工措施，使幼苗的地上部和地下部生长达到新的平衡，以控制幼苗的生长。用营养钵或其他容器培育的秧苗，在定植前搬动几次，损伤幼苗过长的根系，同时增加钵与钵之间的空隙，增加见光空间和水分蒸发，以防止幼苗徒长。在蹲苗期间要经常观察，既不要使秧苗萎蔫，又要使苗多见阳光，如果床温过高可适当通风降温，尽量减少水分蒸发。

四 不同茬次注意事项

（一）设施辣（甜）椒冬春茬栽培

棚室辣（甜）椒冬春茬栽培重点是解决早春到初夏甜椒供应短缺的问题。此期栽培管理比较简单，经济效益比较好。华北中南部地区一般10月中下旬育苗，1月中下旬定植，3月底至4月初开始收获。这时南菜北运基地的辣（甜）椒生产已经结束，而北方地区塑料大拱棚春提前栽培的辣（甜）椒，在5月中旬左右开始收获，此期间正值供应淡季，经济效益较高。

1 选用适宜品种 该茬口栽培实质是早熟栽培，必须注重品种的早熟性，兼顾丰产性和抗病性等。根据以上要求，宜选用中早熟品种玛索、冀研12号、冀研新6号、红英达、红罗丹、索菲娅、硕源3号、湘研系列等。

2 因地制宜，确定适宜播期 棚室辣（甜）椒冬春茬生产，前茬为日光温室秋冬茬，一般在1月中下旬至2月上旬拉秧，播种期可根据温室内前茬作物可腾地的时间和实际需要的日历苗龄来确定。前茬作物可腾地的时间确定后，需有90～100天时间，秧苗可长到10片叶左右，显现小花蕾，达到生产用苗的标准。日光温室辣（甜）椒冬春茬一般在10月中下旬播种育苗。

3 适时定植，提早上市，抢占辣（甜）椒淡季市场 为使甜辣椒果实能在3月底至4月上旬上市，供应甜椒市场淡季，在1月中下旬，抓紧时间腾茬整地，进行定植。一般要求定植温室亩施优质粪肥或堆肥5 000千克，磷酸二铵50～100千克，硫酸钾20千克，饼肥100～200千克，硫酸铜3千克，硫酸锌1千克，持效硼肥10千克。深翻使肥料与土充分混匀。采用小高畦地膜覆盖、膜下暗灌的栽培方法，小高畦间距1.1～1.2米，每畦栽双行，采用大小行栽培，小行距0.45～0.5米，大行距0.65～0.7米，株距0.4米，亩栽2 500株左右。生长势较弱的早熟品种栽培密度可适当大些，亩栽3 000株。

定植应选晴天上午进行，而且期望定植后能遇到连续几个晴天，有利于提高地温，促进发根。定植前，将垄沟先用 68% 精甲霜灵·锰锌水分散粒剂 500 倍液进行地面药剂封闭杀菌，然后再定植。定植时要把大小苗分开，一垄之上大苗在前，小苗在后摆好，栽苗深度以覆土不超过子叶节为宜，栽后分穴浇水。或采用"水稳苗"方法栽苗，即按一定的株距挖穴，穴内浇水，尔后坐水栽入苗坨，再填土整平。为了创造更有利于秧苗早发的环境，定植后要盖小拱棚增温。栽苗 1 ～ 3 天后地温稍有回升，再浇定植水。

4 定植后分期管理　管理可分为前、中、后三期。

（1）前期（定植到采收前）：定植后至缓苗前要尽量创造高温高湿条件，白天温室保持在 30℃ 左右，夜间力求达到 18 ～ 20℃，促进缓苗。定植后 5 ～ 7 天要密封温室和小拱棚，不通风，提高室温，栽苗 1 ～ 3 天后地温稍有回升，再浇定植水。心叶开始变绿、生长即已缓苗。缓苗后（定植 10 天左右）顺沟浇水 1 次，以后通风降温，并在行间中耕，中耕要由深到浅、由近到远，避免伤根，反复进行，促进秧苗健壮生长。坐果以前尽量少浇水，以防徒长。开花时温度较低，为防止落花落果，用 30 ～ 50 毫克 / 升番茄灵或 20 ～ 30 毫克 / 升的 2，4-D 涂抹花柄，促进坐果。前期历时 40 ～ 50 天，此期管理不仅要竭力促根，还要促进枝叶生长。

（2）中期（采收初期到采收盛期）：此期是定植后的 40 ～ 75 天，是既发根又长果的时期，也是辣（甜）椒生产的关键时期。温度对花器素质和果实膨大生长都有重要作用。白天尽量不出现 30℃ 以上的高温，夜间温度维持在 19℃ 左右，最低也要控制在 16 ～ 18℃，低于 13℃ 果实易形成僵果和畸形果。土壤要保持湿润，一般结果前期 7 ～ 10 天浇一水，结果盛期 6 ～ 7 天浇一水。结合浇水亩追施速效氮肥 10 ～ 15 千克，同时，配合施入钾肥，硫酸钾 15 千克。进入盛果期，应水水带肥，三元复合肥、速效氮肥、冲施肥交替使用。3 月底去除草苫，当露地最低温度稳定在 15℃ 以上时，揭去棚围子，设上防虫网。

（3）后期：采收盛期过后，植株趋向衰老，故此期管理应维持长势为主，不能缺水缺肥。追肥应以氮、钾肥为主，并做到追肥与浇水结合。中后期除进行正常追肥外，还需适当进行根外追肥，一般进入盛果期后，结合防病每周喷 1 次 0.3% 瑞培绿、或螯合锌＋螯合硼微肥叶面肥喷施。及时整理植株，清理下部老、黄叶片及空枝弱枝，以减少养分消耗，促进植株通风见光，促进坐果。

（二）设施辣（甜）椒秋冬茬栽培

秋冬茬栽培是为解决秋延晚生产结束后供应上市的一茬生产。一般是7月下旬到8月上旬开始育苗，苗龄30～40天，定植后40～50天始收，1月中旬至2月初结束。因其后期光照时间短、强度小、温度低。为了争取在有限的时间里拿到产量，在整个生长过程中都要"重促、忌控"，并尽最大努力防治初秋高温蚜虫迁飞传染病毒病的发生和为害。

1 选用适宜秋冬茬的品种 育苗在7月中下旬到8月上旬开始，时值高温多雨季节，应搭建遮阳防雨棚，采用营养钵或穴盘护根育苗方法，以减轻病虫为害。

2 秋延后育苗方法 由于辣（甜）椒塑料大棚栽培育苗时值高温多雨季节，为避免雨涝和毒病危害，育苗场应选择地势高燥，排水良好的地块搭建防雨遮阳棚。搭棚时要注意覆盖物不宜过厚，一般以造成花荫凉为宜，覆盖物还应随着幼苗的生长逐渐撤去，否则幼苗易徒长，难于达到培育壮苗的目的。此外，塑料大棚去掉围子，棚顶上覆盖遮阳网，两侧设防虫网是夏季育苗的理想场所。

育苗中注意的几个环节：◎播种前一定要进行种子消毒。◎整个生育期注意防治蚜虫和病毒病，喷10%噻虫嗪水分散粒剂2 000倍液防治蚜虫、白粉虱，预防病毒病。◎在夏秋高温季节育苗为减少伤根和病害为害，建议尽量采用营养钵或穴盘护根育苗方法。◎播种后苗床或育苗穴盘上铺盖旧报纸、遮阳网等不透明覆盖物保湿降温，待出苗时及时去掉苗床上的覆盖物见光。◎幼苗出齐，子叶展平后要降低苗床温度，防止幼苗徒长，形成"高脚苗"。同时延长光照时间，保证子叶肥大，叶柄长度适中，生长健壮。◎要求苗龄30～40天，植株长有7～9片真叶时即可定植。

3 定植 一般在8月中下旬至9月初定植。在整地前，每亩施入优质腐熟有机肥5 000千克以上，同时施入速效的氮磷钾复合肥50～

60 千克，硫酸铜 3 千克，硫酸锌 1 千克，硼砂 1 千克，生物钾肥 1 千克。各种肥料可随着深翻细耙，与土壤充分混合。然后起垄，采用大小行栽培，小行距 0.45 ～ 0.5 米，大行距 0.65 ～ 0.7 米，垄高 0.15 ～ 0.18 米，株距 0.4 米，亩栽 2 500 株。生长势较强的中晚熟品种栽培密度可适当小些，亩栽 2 000 株左右即可。定植期正值高温季节，应选择下午、傍晚或阴天定植，定植覆土不超过子叶节为宜。随栽随浇定植水，要把垄洇透，防止萎蔫发生。

4 田间管理

（1）定植后管理：定植后第二天浇 1 次缓苗水，水后浅中耕（深约 3 厘米），缓苗后浇第三水，以后加强中耕保墒，促进根系发达。蹲苗 7 天左右再开始浇水，此后保持畦内见干见湿，一般 7 ～ 10 天浇 1 次水。

（2）缓苗后的管理：缓苗后浇 1 次缓苗水，以后以中耕提高土壤温度为主，白天温度以 22 ～ 28℃为宜，温度过高及时放风降温。坐果前尽量少浇水，以防徒长。

（3）开花期的管理：为防止徒长，促进坐果，开花期切忌浇水和施用氮肥，应进行蹲苗。温度过高时应及时放风降温促进坐果。可喷施爱多收、瑞培绿等辣椒促进坐果的生长调节剂，提高坐果率。结合喷洒螯合硼、新禾硼、速乐硼效果更好。发现植株徒长可用 0.03% ～ 0.05% 的缩节胺药液或 0.5% 矮壮素药液控制。

（4）结果期的水肥管理：门椒坐住后，开始浇水，一般结果期 7 ～ 10 天浇 1 水，保持土壤湿润。结合浇水亩施水溶性冲施肥（氮钾肥比 1:2）10 ～ 15 千克，或亩追施生物海藻菌复合肥 12 ～ 15 千克。进入结果期，每浇 1 水或两水追肥 1 次。每冲施 1 ～ 2 次水溶肥，间隔冲施一次生物菌肥，如海藻菌或芽孢杆菌生物肥，以期改善辣椒根系生命活力。每 7 ～ 10 天喷 1 次 90% 益施帮生物活性剂，或 0.2% 磷酸二氢钾 + 螯合锌或瑞培锌、瑞培绿。增强植株抗性，提高坐果率。

（5）注意及时防治蚜虫，防止病毒病的发生。同时防治茶黄螨。

（6）当夜温低于 16 ～ 18℃以前，及时扣上棚膜。扣膜初期要加强通风，降低湿度和温度，防止植株徒长和落花落果及病害的发生，在整个生长期内都要做好通风降湿工作。白天温度 25 ～ 28℃，夜间不低于 16 ～ 18℃。温度范围不能保证时，要及时加盖草苫、纸被。随着气温降低,适当减少浇水次数,保持土壤湿润即可。

(三)设施辣(甜)椒春提前栽培

1 施足底肥,平衡施肥 根据甜椒生长需求和土壤营养状况,春提前大棚在整地前,每亩施入优质腐熟有机肥 5 000 千克以上,磷酸二铵 50～80 千克,硫酸钾 20 千克,饼肥 100～200 千克,昆卡硼镁锌钙中量元素 2～3 千克,各种肥料可随着深翻细耙,与土壤充分混合。如果肥量不足可利用沟施、条施,进行补充施肥。

2 提早扣棚,适时定植 定植前 15 天扣好棚暖地,当棚内 10 厘米地温稳定在 12℃以上时进行定植。华北地区一般于 3 月中下旬定植。采用大小行栽培,小行距 0.45～0.5 米,大行距 0.65～0.7 米,株距 0.4米,亩栽 2 500 株,生长势较弱的早熟品种栽培密度可适当大些,亩栽3 000 株。

3 定植后的田间管理

(1)温度管理:春季为促进缓苗,定植后一般闷棚 5～7 天,棚内温度不超过 35℃不放风,以提高棚内温度,促进幼苗早发根、早缓苗。采用多层薄膜覆盖的,白天应将保温帘膜(二道幕)揭开,以利透光和提高地温,晚上再盖严保温。约一周后,幼苗叶色转绿,心叶开始见长,即可浇缓苗水,水后开始逐渐放风。晴天白天保持 25～28℃,夜间维持在 17℃以上,4 月中旬后,一般当棚温上升至 25℃以上时就应进行小放风。此后,随外界气温升高,逐渐扩大放风口。放风时,从背风面揭开棚膜,大风天气要随时注意放风口管理,风向改变,放风口随之改到背风面。当棚温下降至 20℃以下时逐渐关闭风口。采用多层覆盖的,夜间棚内温度在 15℃以上时可不再覆盖。当外界最低气温稳定在 15℃以上时,晚上不再关闭风口,即可进行昼夜通风。5 月中旬选择阴天傍晚撤去棚膜,避免闪苗萎蔫。撤下的棚膜折叠好置于阴凉处保存,以备后用。有些地区夏季只撤棚围子,不撤膜棚。

(2)水肥管理:定植水后 2～3 天即可中耕,以提高地温、改善土壤通气状况,促进缓苗。定植后 1 周左右浇缓苗水,以后进入中耕蹲苗期,待绝大部分植株门椒坐果后(果有核桃大小)结束蹲苗,开始浇水追肥。此后经常保持大棚内土壤湿润，一般结果期 7 天左右浇 1 次水，进入结果盛期 4～5 天左右浇 1 次水。浇水宜在晴天上午进行，每次浇水量不宜过大。甜椒喜肥不耐肥。门椒坐果后开始浇水追肥，可参见棚室冬春茬栽培。在植株封垄前应进行培土，培土不宜过早，否则易使根部处于相对较深的土层中，地温回升慢，根系发展也慢，从而影响地上部生长。

不同栽培模式，整枝打杈及吊秧方式有所不同。一年一大茬生产多采取 2 杈整枝方式，同时结合坐果的连续性进行疏花疏果。随着整枝打杈双秆整枝，枝干伸长可以采用绳索吊挂棚内，以免因果实赘秧。吊秧方法参考番茄吊蔓方法。

同时，为防止果实赘秧，影响中、上层开花坐果和果实膨大变色应及时采收。

（四）灾害性天气管理

1　冬季连阴冷天气　连续阴天，低温、寒流天气时，在注意加强防寒保温的同时，无论雨雪如何都应照样揭盖草苫，可以适当晚揭早盖，但幼苗要有一定时间的散射光。在连续阴雪天外界温度低时，中午前后要揭苫见光。夜间增加覆盖物保温，日光温室也可采用释放"美喜平"气体 30 升 / 亩（剪开口的气袋在棚内来回走动 2～3 圈，直至气体全部放出）。用以改善因天气寒冷造成的作物寒害，或采用临时性加温措施。

2　雨雪天气　雨雪天时应加盖一层薄膜，既可保持草苫干燥，又可增加保温效果。湿透的草苫，天晴后抓紧晒干。温室管理上注意控水和适当放风，防止温室内湿度过大而发病，可用粉尘剂或烟雾剂防病。也可采用释放"美喜平"气体 30 升 / 亩，剪开口的气袋在棚内来回走动 2～3 圈，直至气体全部放出。改善因天气寒冷造成的作物寒害。连续几天阴雨雪天晴后，可揭开草苫，必须注意观察，发现植株萎蔫，应立即回苫，恢复后再揭开，经过几次反复便不再萎蔫。

3　大风天气　把薄膜固定好，夜间把草苫压住，以防秧苗受冻。后期遇大风，应放小风，顺风防风，避免冷风直接吹入，以防闪苗。

五 主要病虫害与绿色防控技术

（一）猝倒病

① 症状 猝倒病主要发生在辣（甜）椒苗期的病害。幼苗感病后在出土表层茎基部呈水浸状软腐倒伏，即猝倒。椒苗初感病时秧苗成暗绿色，感病部位逐渐缢缩，病苗折倒坏死。染病后期茎基部变为黄褐色干枯成线状。

② 发病原因 病菌主要以卵孢子在土壤表层越冬。条件适宜时产生孢子囊释放出游动孢子侵染幼苗。通过雨水、浇水和病土传播，带菌肥料也可传病。低温高湿条件下容易发病，土温 10～13℃，气温 15～16℃病害易流行发生。播种或移栽或苗期浇大水，又遇连阴天低温环境发病重。

③ 生态防治

◎ 选用抗病品种，如甜椒玛索、红英达、红世纪、方舟、冀研系列等品种。

◎ 清园切断越冬病残体组织、用异地大田土和腐熟的有机肥配制育苗营养土。严格施用化肥用量，避免烧苗。

◎ 或采用配制好的营养块育苗方法。合理分苗、密植，控制湿度是防控病害发生的关键。浇水也是关键，要降低棚室湿度。苗床土注意消毒及药剂处理。

④ 药剂防治

◎ 种子药剂包衣：选 6.25% 咯菌腈·精甲霜灵悬浮剂 10 毫升，对水 150～200 毫升包衣 3～4 千克种子，可有效预防苗期猝倒病和其他苗期病害。

◎ 苗床土药剂处理：取大田土与腐熟的有机肥按 6∶4 混均，并按每 50 千克苗床土加入 68% 精甲霜灵·锰锌水分散粒剂 20 克和 2.5% 咯菌腈悬浮剂 10 毫升拌土一起过筛混匀。用这样的土装入营养钵或做苗床土表土铺在育苗畦上。

◎ 药剂淋灌：救治可选择 68% 精甲霜灵·锰锌水分散粒剂 500～

600倍液（折合100克药对水45～60升），或64%杀毒矾可湿性粉剂500倍液，或72.2%霜霉威水剂800倍液等对秧苗进行淋灌或喷淋。

（二）疫病

1 症状 疫病是全生育期均可以感病染的病害。辣（甜）椒均可普遍感病。茎秆、果实、叶片都能感病。感病后茎秆节间处或根基部呈黑褐色腐烂症状，干枯茎秆长出白色霉状物。幼苗茎秆枯干死亡常称为茎基腐病，棚室或空气湿度大时感病部位表面会长出少量稀疏白色霉层。叶片染病，从叶边缘开始，初期有不定形水浸状暗绿色、黄绿色直至暗褐色大块病斑。病重时叶片腐烂、整株枯死。果实感病大多从果蒂开始，初期呈水浸状不规则暗绿软果。后期果实变褐绿色水浸状圆形大病斑。

2 发病原因 病菌主要以卵孢子、厚垣孢子在病残体或土壤中越冬。由于北方设施棚室保温条件的增强，辣（甜）椒可以安全越冬栽培，病菌可以周年侵染，借助雨水、灌溉水传播。发病适宜温度25～30℃，相对湿度高于85%时极易发病。保护地棚室内空气湿度越大、浇水过量，叶面有水珠或露水是病菌萌发游动侵入的有利条件。定植过密，通风、透光性差，排水不良，积水地块发病重，病害流行快。

3 生态防治

◎ 选用抗病品种：如玛索、迅驰、世纪红、康大系列、红英达、方舟、冀研系列等。

◎ 清园切断越冬病残体组织、合理密植、高垄栽培、注意排水，控制湿度是关键。设施栽培的辣（甜）椒应采用膜下渗浇小水或滴灌，节水保温，以利降低棚室湿度。

◎ 清晨尽可能早地放风，即放湿气，尽快进行湿度置换，增加通风透光性能。氮磷钾均衡施用，育苗时苗床土注意消毒及药剂处理。

4 药剂防治

预防为主，移栽棚室缓苗后预防可采用70%百菌清可湿性粉剂600倍液（100克药对水60升），或25%嘧菌酯悬浮剂1 500倍液，或25%双炔酰菌胺悬浮剂1 000倍液，或40%精甲霜灵·百菌清悬浮剂800倍液。发现中心

> 建议采用辣（甜）椒病虫害保健性防控整体解决方案。

病株后立即全面喷药，并及时清除病叶带出棚外烧毁。

◎ 救治可选择 68% 精甲霜灵·锰锌水分散粒剂 500 ～ 600 倍液（折合 100 克药对水 45 ～ 60 升）加 25% 双炔酰菌胺悬浮剂 800 倍液一起喷施。或与 50% 烯酰吗啉可湿性粉剂 600 倍液，或 72.2% 霜霉威水剂 800 倍液等交替间隔喷施。或 40% 精甲霜灵·百菌清悬浮剂 600 倍液，或 62.5% 氟吡菌胺·霜霉威悬浮剂 800 倍液，或 72% 霜脲·锰锌可湿性粉 700 倍液等喷施。

（三）灰霉病

1 症状　灰霉病主要为害幼果和叶片。病菌从开花后雌花的花瓣侵入，花瓣腐烂，果蒂顶端开始发病，果蒂感病向内扩展。致使感病果呈灰白色，软腐，长出大量灰绿色霉菌层。

2 发病原因　灰霉病菌以菌核或菌丝体、分生孢子在病残体上越冬。病原菌属于弱寄生菌，从伤口、衰老的器官和花器侵入。柱头是容易感病的部位，致使果实感病软腐。花期是灰霉病侵染高峰期。借气流传播和农事操作传带进行再侵染。适宜发病气温 18 ～ 23℃，相对湿度 90% 以上低温、弱光有利于发病。大水漫灌又遇连阴天是诱发灰霉病的最主要因素。密度过大，放风不及时，氮肥过量造成碱性土壤缺钙，生长衰弱均利于灰霉病的发生和扩散。

3 生态防治

◎ 合理密植、高垄栽培、控制湿度是关键。保护地棚室要高畦覆地膜栽培，地膜下渗浇小水。有条件的可以考虑采用滴灌措施，节水控湿。

◎ 加强通风透光，尤其是阴天要注意保温外，亦需严格控制灌水，严防过量。早春将上午放风改为清晨短时放湿气，清晨尽可能早地放风，尽快进行湿度置换，降湿提温有利于番茄生长。

◎ 及时清理病残体、摘除病果、病叶和侧枝。清除集中烧毁和深埋。

◎ 氮磷钾均衡施用，育苗时苗床土注意消毒及药剂处理。

4 药剂防治

◎ 喷雾施药药剂可选用 25% 嘧菌酯悬浮剂 1 500 倍液或 75% 百菌清可湿性粉剂 600 倍液喷施预防，或选用 40% 嘧霉

> 建议采用辣（甜）椒病虫害保健性防控整体解决方案。

环胺水分散粒剂（瑞镇）1 200 倍液，或 50% 咯菌腈水分散粒剂 1 000 倍液或 50% 啶酰菌胺水分散粒剂 1 200 倍液或 40% 嘧霉胺水分散粒剂 1 200 倍液，或 50% 乙霉威·多菌灵可湿性粉剂 800 倍液等喷雾。

（四）病毒病

1 症状 病毒病的感病症状有花叶、黄化、坏死、畸形等多种。生产中常见的主要为花叶，出现病症时，叶片叶脉稍透明，叶色深浅不一，形成斑驳花叶，但植株没有明显畸形或矮化。重症时叶片除有斑驳花叶外，叶片凹凸不平，皱缩畸形，植株生长缓慢严重矮化；黄化症状的感病叶片明显变黄，容易出现落叶落花现象。坏死症，植株叶片或枝条组织出现坏死斑。畸形症，植株整株变形，叶片变成线形蕨叶，植株矮小分支多。果实有坏死条纹和畸形果。有些感病植株的症状是复合发生，一株多症的现象很普遍。

2 发病原因 病毒是不能在病残体上越冬的，只能靠冬季尚还生存、种植的蔬菜、多年生杂草等作寄主存活越冬。翌年存活寄主上依靠虫传和接触及伤口传播，通过整枝打杈等农事活动传染。蚜虫取食传播，是病害发展蔓延的主要传毒渠道。高温干旱适合病毒病发生增殖，有利于蚜虫繁殖和传毒。管理粗放，田间杂草丛生和紧邻十字花科留种田的地块发病重。

3 生态防治

◎ 防治病毒病铲除传毒媒介是非常关键中的关键。

◎ 彻底铲除田间杂草和周围越冬存活的蔬菜老根，尽量远离十字花科制种田。

◎ 引进选用较抗病或耐病品种，如甜椒冀研 12 号、冀研 13 号等系列，先辣系列，红罗丹、玛索、索菲娅、冀星 7 号及湘杂系列等。

◎ 增施有机肥，培育大龄苗、粗壮苗，加强中耕，及时灭蚜，增强植株本身的抗病毒能力是关键。

◎ 秋延后种植除要适当晚播避开蚜虫迁飞时机外，最好在育苗时加防虫网，采用两网一膜（即防虫网、遮阳网、棚膜）来降低棚温和蚜虫、白粉虱、蓟马的为害，加防虫网是设施蔬菜棚室最有效阻断传毒媒介的措施。没有条件的地方夏季育苗可采用小规模的小拱棚防虫网，利用蚜虫忌避性可采用银灰膜避蚜。

◎ 露地种植田可以采用间作套种一些高秆作物遮阴降温，如与玉米套种。

◎ 利用昆虫对颜色的趋性，悬挂黄板诱蚜。

4 药剂防治

◎ 种子处理用 10% 磷酸三钠溶液浸种 30 分钟而后清水冲洗催芽播种。

◎ 灌根用药（懒汉灌根施药法）：用强内吸剂 25% 阿克泰水分散粒剂 1 次性防治，持效期可长达 25～30 天。在移栽前 2～3 天，也可用 35% 噻虫嗪悬浮剂 1 500～2 500 倍液（或 15 升水加 10 毫升药剂）喷淋幼苗。使药液除喷叶片以外还要渗透到土壤中。平均 1 平方米苗床喷药液 2 千克左右有很好治虫预防病毒病作用。

◎ 喷施用药：可选用 35% 噻虫嗪悬浮剂 2 500～5 000 倍液，或 10% 吡虫啉可湿性粉剂 1 000 倍液，或 2.5% 高效氯氟氰菊酯乳油 1 500 倍液灭蚜。苗期可选用 20% 病毒 A 可湿性粉剂 500 倍液，或 1.5% 植病灵乳油 1 000 倍液等进行喷施，对病毒病有一定的抑制作用。

（五）炭疽病

1 症状 辣（甜）椒炭疽病主要侵染叶片、幼果，苗期到成株期均可发病。炭疽病典型病斑为圆形，初呈浅灰色。幼苗期发病，近地面部位变黄褐色，病斑逐渐凹陷，致使幼苗折倒。辣（甜）椒生长时期棚室高湿条件下病斑呈圆形，稍凹陷，初期浅绿色，后期暗褐色，病斑表面有粉红色黏稠物。辣椒病果初为褪绿色水浸状斑点，后变成褐色，斑点中间淡灰色，近圆形轮纹斑。重症后期病果感病处黑褐色干枯。

2 发病原因 病菌以菌丝体或拟菌核于植株病残体或种子上越冬。借雨水传播。发病适宜温度 27℃，湿度越大发病越重。棚室温度高，多雨或浇大水，排水不良、种植密度大、氮肥过量的生长环境病害发生重，易流行。植株生长衰弱发病严重。一般春季保护地种植后期发病几率高，流行速度快。管理粗放也使病害流行。损失是不可避免的。应引起高度重视，提早预防。

3 生态防治

◎ 选用抗病品种，使用抗病品种是既抗病又节约生产成本的救治办法。

　◎ 重病地块轮作倒茬。可以与葫芦科或豆科蔬菜进行 2 ～ 3 年的轮作。

　◎ 加强棚室管理，通风放湿气。设施栽培建议地膜覆盖，沟灌或滴灌降低湿度，减少发病机会。晴天进行农事操作，避免阴天整枝、采收等易人为传染病害的机会。

　④ 药剂防治

　◎ 种子包衣防病。即选用 6.25% 咯菌腈·精甲霜灵悬浮种衣剂 10 毫升对水 150 毫升对种子进行杀菌种子处理。

> 因病害有潜伏期，发病后防不胜防。建议采用辣（甜）椒保健性防控整体解决方案即一生病害防治大处方进行整体预防。

　◎ 种子进行温汤浸种。55 ～ 60℃恒温浸种 15 分钟，或 75% 百菌清可湿性粉剂 500 倍液浸种 30 分钟后冲洗干净催芽。均有良好的杀菌效果。

　◎ 苗床土消毒，减少侵染源（参照疫病苗床土消毒配方方法）。

　◎ 采取 25% 嘧菌酯悬浮剂 1 500 倍液进行前期灌根系统性预防，会有非常好的效果，也可选用 75% 百菌清可湿性粉剂 600 倍液，或 10% 苯醚甲环唑水分散粒剂 1 500 倍液，或 80% 代森锰锌可湿性粉剂 600 倍液，或 2% 春雷霉素水剂（加收米）600 倍液，或 25% 苯醚甲环唑乳油（势克）4 000 倍液，或 70% 甲基托布津可湿性粉剂 500 倍液，或 32.5% 吡唑萘菌胺·嘧菌酯悬浮剂 1 500 倍液，或 25% 吡唑醚菌酯乳油 1 500 倍液喷施。10 天防治 1 次。

（六）白粉病

　① 症状　辣（甜）椒全生育期均可以感病。主要感染叶片。发病重时感染枝干、茎蔓。发病初期主要在叶面或叶背产生白色圆形霉状物粉斑点，从下部叶片先开始染病，逐渐向上发展。严重感染后叶面会有一层白色霉层。发病后期感病部位白色霉层呈灰褐色，叶片变黄坏死。

　② 发病原因　病菌以闭囊壳随病残体在土壤中越冬。可在越冬栽培的棚室内作物上越冬。借气流、雨水和浇水传播。温暖潮湿、干燥无常的种植环境，阴雨天气及密植、窝风环境易发病，易流行。大水漫

灌，湿度大，肥力不足，植株生长后期衰弱发病严重。

❸ 生态防治

◎ 选用抗白粉的优良品种，一般选用的品种有先辣 3 号、先辣 5 号、玛索、皖椒系列、冀研等系列。

◎ 适当增施生物菌肥、磷钾肥；加强田间管理，降低湿度，增强通风透光；

◎ 收获后及时清除病残体，并进行土壤消毒。

◎ 棚室应及时进行硫磺熏蒸灭菌和地表药剂处理。

❹ 药剂防治

◎ 25% 嘧菌酯悬浮剂 1 500 倍液灌根施药有非常好的效果，或 32.5% 吡唑萘菌胺·嘧菌酯悬浮剂 1 500 倍液，或 42.8% 氟吡

> 建议采用辣（甜）椒保健性整体解决防控方案即一生病害防治大处方进行整体预防。

菌酰胺·肟菌酯悬浮剂 1 500 倍液，或 42.4% 氟唑菌酰胺·吡唑醚菌酯悬浮剂 1 500 倍液，或 80% 代森锰锌可湿性粉剂 500 倍液，或 32.5% 苯醚甲环唑·嘧菌酯悬浮剂 1 500 倍液，或 56% 百菌清·嘧菌酯悬浮剂 1 200 倍液，或 70% 甲基托布津可湿性粉剂 600 倍液，或 50% 丙森锌可湿性粉剂 600 倍液。

◎ 治疗防治药剂可用 10% 苯醚甲环唑水分散粒剂 1 500 倍液，或 25% 嘧菌酯悬浮剂 1 500 倍液，或 32.5% 苯醚甲环唑·嘧菌酯悬浮剂 1 200 倍液，或 60% 吡唑醚菌酯·代森联水分散粒剂 1 200 倍液喷施。

（七）菌核病

❶ 症状 辣（甜）椒菌核病在重茬地、老菜区发生比新菜区要严重。整个生长期均可以发病。成株期发生较多，各部位均有感病现象。先从主干茎基部或侧根侵染，呈褐色水浸状凹陷；主干病茎表面易破裂，湿度大时，皮层霉烂；叶片染病呈水浸状大块病斑，偶有轮纹，易脱落；感病后期病部凹陷，病株斑面长出白色菌丝体，后形成菌核。

❷ 发病原因 病菌主要以菌核在田间或棚室保护地中或混杂在种子里越冬。春天子囊孢子随气流、伤口、叶孔侵入，也可由萌发的子囊孢子芽管穿过叶片表皮细胞间隙直接侵入，适宜发病温度为 16～20℃，

早春低温高湿、连阴天、多雾天气发病重。

3 生态防治

◎ 保护地栽培地膜覆盖，阻止病菌出土，尽早排湿、保温。

◎ 摘除老叶，净化生长环境。及时清理病残体集中烧毁。

4 药剂防治

◎ 土壤表面药剂处理每 100 千克土加入 2.5% 咯菌腈 10 毫升，68% 精甲霜灵·锰锌水分散粒剂 20 克拌均匀撒在育茄苗床上，或药液封闭土壤表面。

◎ 喷雾施药药剂可选用 25% 嘧菌酯悬浮剂 1 500 倍液或 75% 百菌清可湿性粉剂 600 倍液喷施预防，或 50% 咯菌腈可湿性

> 建议采用辣（甜）椒保健性整体保健性防控方案即一生病害防治大处方进行整体预防。

粉剂 3 000 倍液，或 40% 嘧霉环胺水分散粒剂 1 200 倍液，或 62% 咯菌腈·嘧霉环胺水分散粒剂 3 000 倍液，或 50% 啶酰菌胺可湿性粉剂 800 倍液，或 50% 农利灵干悬浮剂 1 000 倍液，或 50% 乙霉威·多菌灵可湿性粉剂 800 倍液，或 40% 嘧霉胺可湿性粉剂 1 200 倍液喷雾。

（八）疮痂病

1 症状 辣（甜）椒在苗期、生长、结果盛期均可感染疮痂病。病菌通过植株的输导组织韧皮部和髓部进行传导和扩展，在叶片上形成灰白色至灰褐色病斑。剖开茎秆可见茎内褐变，向上下两边扩展。感病后期茎秆基部皮层腐烂。秆内中空病斑下陷或纵裂开。潮湿条件下病茎和叶柄会有溢出菌脓，重症时会全株枯死。叶片染病病斑边缘退绿，病斑圆形或不规则水浸状斑点，黑绿色至黄褐色。果实染病可见果面隆起的白色圆点。病斑融合连在一起可形成较大隆起的疙瘩。疮痂病可以引起叶片脱落。不同的季节和栽培条件疮痂病的发生症状不尽相同。早春移栽及整枝打杈和高湿环境会造成枝茎和叶片感病。夏播多雨季节，有喷灌的大棚和温室，果实易感病。近年来国外引进品种发生较重。

2 发病原因 辣（甜）椒疮痂病是细菌性病害。病菌侵染幼苗、茎秆至结果及结果盛期均可感染疮痂病。病菌可在种子内、外和病残体上越冬。可在土壤中存活 2 ～ 3 年。病菌主要从伤口侵入，包括整枝打

权时损伤的叶片、枝干和移栽时的幼根。也可从幼嫩的果实表皮直接侵入。由于种子可以带菌，其病菌远距离传播主要靠种子、种苗和鲜果的调运；近距离传播靠雨水和灌溉。保护地大水漫灌会使病害扩大蔓延，人工农事操作接触病菌、溅水也会传播。长时间结露和暴雨天气发病重。保护地、露地均可发生。

③ 生态防治

◎ 清理病株和病残体并烧毁，病穴撒入石灰消毒。采用高垄栽培。避免带露水或潮湿条件下的整枝打杈等操作。

◎ 种子消毒可以温水浸种；55℃温水浸种 30 分钟或 70℃干热灭菌 48～72 小时。

④ 药剂防治

◎ 硫酸链霉素 200 毫克 / 千克药液浸种 2 小时。

◎ 预防疮痂病初期可选用 47% 春雷·王铜可湿性粉剂 600 倍液，或 77% 可杀得可湿性粉剂 500 倍液，或 27.12% 铜高尚悬浮剂 800 倍液喷施或灌根。用硫酸铜每亩 3～4 千克撒施浇水处理土壤可以预防疮痂病。30%DT 杀菌剂 50 倍液；新植霉素或链霉素 3 000 倍液，或 60% 琥·乙膦铝可湿性粉剂（DT 米）500～600 倍液；或脂铜粉尘每亩 1 千克。对于真细菌混合发生的现象，建议采用"阿加"组合喷防即嘧菌酯 + 春雷王铜早期混合施药预防效果良好。

（九）线虫病

① 症状 线虫病菜农俗称"根上长痘豆"的病或称根上长疙瘩的病。其主要为害植株根部或须根。根部受害后产生大小不等的瘤状根结，剖开根结感病部位会有很多细小的乳白色线虫埋藏其中。地上植株会因发病致使生长衰弱，中午时分有不同程度的萎蔫现象，并逐渐枯黄。

② 发病原因 此虫生存在 5～30 厘米的土层之中。以卵或幼虫随病残体遗留在土壤中越冬。借病土、病苗、灌溉水传播可在土中存活 1～3 年。线虫在条件适宜时由寄生在须根上的瘤状物，即虫瘿或越冬卵，孵化形成幼虫后在土壤中移动到根尖，由根冠上方侵入定居在生长

点内，其分泌物刺激导管细胞膨胀，形成巨型细胞或虫瘿，称根结。田间土壤的温湿度是影响卵孵化和繁殖的重要条件。一般喜温蔬菜生长发育的环境也适合线虫的生存和为害。我国南方温湿环境发生较为普遍。随着北方深冬季设施蔬菜种植辣（甜）椒面积扩大和种植时间的延长，越冬保护地栽培辣（甜）椒给线虫越冬创造了很好的生存条件。连茬、重茬的种植棚室辣（甜）椒，有日益严重的趋势。越冬栽培辣（甜）椒的产区，茄科作物连作重茬，线虫病害发生普遍，已经严重影响了冬季辣（甜）椒生产和效益。

❸ 生态防治

◎ 无虫土育苗。选大田土或没有病虫的土壤与不带病残体的腐熟有机肥6∶4比例混均，1立方米营养土加入100毫升1.8%阿维菌素混均用于育苗，生产中有采用阿维菌素发酵产生的剩渣与混合菌肥施用病菌田间的效果不错。

◎ 生物氮反应堆法处理棚室土壤：生物氮也叫石灰氮。其学名叫氰氨化钙。其原理是氰氨化钙遇水分解后所生成的气体单氰胺和液体双氰胺对土壤中的真菌、细菌、线虫等有害生物有广谱性杀灭作用。氰氨化钙分解的中间产物单氰胺和双氰胺最终可进一步生成尿素，具有无残留、不污染的优点。

使用方法：前茬蔬菜拔秧前5～7天浇1次水，拔秧后将未完全腐熟的农家肥或农作物碎秸秆均匀地撒在土壤表面，立即将60～80千克/亩的氰氨化钙均匀撒施在土壤表层，旋耕土壤10厘米使其混合均匀，再浇1次水，覆盖地膜，高温闷棚7～15天，然后揭去地膜，放风7～10天后可做垄定植。处理后的土壤栽培前注意增施磷钾和生物菌肥。

❹ 药剂防治

◎ 处理土壤：定植前沟施10%噻唑膦颗粒剂1.5～2千克/亩，施后覆土、洒水封闭盖膜一周后松土定植。或10%施立清颗粒剂2～3千克/亩，沟施用药。或40%辛硫磷乳油2千克+1.8%阿维菌素200克混施穴灌处理穴灌。注意穴施噻唑膦颗粒剂时剂量要减半。

六 生理性病害与防治

（一）日灼病

1 症状 日灼病又称日烧病。高温强光条件下果实直接面向太阳，使果实被太阳灼伤。辣（甜）椒的果面初期褪绿、失水，果肉变薄，继而病部凹陷果肉组织坏死呈浅灰白色。病部容易感染杂菌，使其生出褐色霉层，重症时腐烂。

2 发病原因 辣（甜）椒是喜温，中等光照的作物。过强的光照对辣（甜）椒生长发育不利。特别是高温、干旱、强光条件下，植株生长缓慢，密度相对稀疏，植株之间遮阴性差，果实直接暴露在强光日照下造成日灼病斑果。

3 救治方法

◎ 选用抗高温或越夏耐热品种。尤其是露地辣椒栽培，品种选择非常重要。

◎ 适当合理密植和及时补充大肥水，植株间能互相遮阴，避免暴晒和果实裸露晒皮。

◎ 露地种植实行与玉米高秆作物间作、设施棚室保护地加盖遮阴网，以防护减少日灼病的发生。

◎ 增施磷钾肥，促使果实发育。结果期注意及时浇水，避免干旱促大秧，尽早封垄。

◎ 及早防虫，避免因虫害引起落花落叶。

（二）黄化症

1 症状 植株整体发黄，叶片叶脉间叶肉有褪绿白化坏死现象，或疑似斑驳花叶病毒症状。

2 发病原因 棚室栽培或夏秋种植的辣（甜）椒气温持续高温接近38℃，地面温度会更高时，植株叶片会因高温熏蒸造成叶脉间叶肉褪绿黄化，形成黄色斑驳，叶片部分或整个叶片褪绿黄化。

3 救治方法 参照日灼病的防治方法。

◎ 选用抗高温或越夏耐热品种。尤其是露地辣椒栽培，品种选择非常重要。

◎ 合理密植，适当合理密植和及时补充大肥水，植株间能互相遮阴，避免暴晒和果实裸露晒皮。

◎ 露地种植实行与玉米高秆作物间作、设施棚室保护地加盖遮阴网，以防护减少日灼病的发生。

◎ 增施磷钾肥，促使果实发育。结果期注意及时浇水，避免干旱促大秧，尽早封垄。

◎ 及早防虫避免因虫害引起落花落叶。

（三）缺钙症（脐腐病）

1 症状 脐腐又称蒂腐。此病多发生在土壤板结、重茬、盐渍化土壤重的地块。在幼果期开始发病。果顶或侧面发生初期呈水浸状病斑，逐渐转化成暗褐色下陷，失水后收缩成皮囊化。重症病斑因湿度大被杂菌侵染生有深褐色或深红色霉状物，果肉腐烂。脐腐有时可扩展到半个果面，发生脐腐的果实没有任何商品价值。

2 发病原因 开花期前后，土壤忽干忽湿，气温忽高忽低，水分、气温变化剧烈，根系活力下降，钙吸收受到抑制，会造成钙缺乏。缺钙会使造成细胞间隔膜破坏，细胞四分五裂，组织坏死。幼果最先呈现缺钙坏死症。过量加施氮肥和钾肥，会抑制钙的吸收，也会造成脐腐病的发生。沙性土壤湿度变化大肥易在土壤中流失也容易形成脐腐果。重症盐渍化土壤，土壤盐性浓度过高造成根压吸收无力吸肥困难，也有利于脐腐发生。

3 救治方法

◎ 合理施肥浇水，杜绝干旱和大水漫灌。增施有机肥，增强土壤通透力。注意中耕松土，排水采用地膜覆盖技术保持土壤中均衡的水分供应。建议使用滴灌技术和营养钵或营养块育苗避免根系受伤害。

◎ 移栽田间后不蹲苗，促大秧、大苗，尽早促使根系发达，增强植株吸水能力。

◎ 合理使用氮肥，防止徒长和土壤盐化。

◎ 花期前后，喷施速乐硼加瑞培钙，或螯合钙，或 1% 过磷酸钙或0.1% 氯化钙 1～2 次。

（四）筋腐病

1 症状　病果果实上呈现畸形变色不规则褐色病斑，一般为褐色筋腐型条状不规则病斑，果实坚硬不腐烂。切开病果果肉内可见褐色坏死性筋腐条纹。果实因有病斑而着色不均匀。没有商品价值。

2 发病原因　筋腐病多发生在冬季设施栽培低温弱光植株徒长、土壤盐渍化的环境的栽培季节里。与辣（甜）椒植株体内的碳水化合物不足，代谢失调有关。致使维管束木栓化。此病的发生多与栽培管理不良、过量施氮肥，造成缺钾、镁肥，会使植株体内多项微量元素缺失，保护地棚室如果大棚夜晚温度高，会造成碳水化合物的供给不足，造成碳水化合物的代谢与分布不均，糖分转化不均匀造成黑筋果、白化果、青斑果、透明玻璃斑果。未腐熟的肥料以及过度密植、小苗定植，苗弱缓苗期长生长慢的植株易患筋腐病。

3 生态防治

◎ 抗病品种，可选抗耐盐渍的品种，抗病毒病的品种。尽可能的轮作倒茬，缓解单一种植带来的营养失调症。

◎ 合理密植，增施有机肥和生物菌肥，配方施入氮磷钾肥和复合肥。开花坐果期应注意复合肥的施用，尤其是底肥适量施入锌、镁、钙、铁等中微量元素的复合肥是非常重要的，如螯合锌、螯合镁、螯合钙、螯合铁等。

◎ 冬季栽培的辣（甜）椒应该加强采光。

◎ 引进品种注意稀植，加强排水，高畦栽培。

七 辣（甜）椒病虫害保健性防控整体解决方案（整体防控大处方）

（一）春提前辣（甜）椒保健性防控方案（3～6月）

第一步：穴盘药水浸盘：10克锐胜 +10毫升阿米西达对水 15升淋盘药浸辣椒苗。

定植前 1～2 天防控蚜虫、烂根和病毒传播。

第二步：撒药土。移栽时随定植沟撒施 30 亿个枯草芽孢杆菌 / 克可湿性粉剂 1 000 克拌药土于沟畦中 / 亩。

→ 刺激根系活性和缓苗。

第三步：定植时喷淋 68% 金雷 500 倍液对土壤表面进行药剂封闭处理：（40 ～ 60 毫升对水 60 升），喷施穴坑或垄沟。

→ 此步防控辣椒茎基腐病和立枯病。

移栽棚室缓苗后开始喷药，大约定植 10 ～ 15 天后开始。

第四步：定植 15 天后喷 5% 百菌清可湿性粉剂 500 倍液 1 次。

→ 此步主防保苗、预防各种真菌病害。

第五步：上述喷药的 10 天后灌根 25% 阿米西达悬浮剂一次，每亩施用每瓶 100 毫升药对水 150 升，主要是加强免疫性预防、壮秧，在盛果期保秧保果。30 天 / 次。

→ 此时辣甜椒开花期。

第六步：喷 30 ～ 40 天后喷施 50% 啶酰菌胺可湿性粉剂 800 倍液喷 1 次，3 桶水 /(100 克) 袋，10 天 / 次，此步防控灰霉病、菌核病。

第七步：喷施 32.5% 吡唑奈菌胺·嘧菌酯悬浮剂 30 毫升 + 加瑞农 100 克对水 45 升，10 ～ 14 天 / 次。此步防控白粉病、叶斑病、疮痂病、青枯病。

第八步：灌根或冲施阿米西达 1 次 120 ～ 150 毫升 / 亩。
结果期保驾护航。健壮防病，防烂果。

第九步：40 天后喷施阿米妙收，1 次每亩施用 40 毫升药液对水 60 升，10 天 / 次。

第十步：灌喷 25℃ 阿米西达悬浮剂 1 次 150 毫升 / 亩，灌根或冲施均可。

直至收获均可不再施药防控。

（二）秋延后辣（甜）椒保健性防控方案（7～11月）

第一步：穴盘药水浸盘：35%锐胜10克+10毫升阿米西达对水15千克淋盘药浸辣椒苗（定植前1～2天）。

> 防控蚜虫、烂根和病毒传播。

第二步：撒药土。移栽时随定植沟撒施30亿个枯草芽孢杆菌/克可湿性粉剂1千克拌药土于沟畦中/亩。

> 刺激根系活性和缓苗。

第三步：定植时喷淋68%金雷水分散粒剂500倍液对土壤表面进行药剂封闭处理：40～60毫升对水60升，喷施穴坑或垄沟。

> 此步防控辣椒茎基腐病和立枯病。

定植缓苗后10天左右。

第四步：灌根阿米西达1次50毫升/亩，对水75升水灌根。

第五步：上述施药的35天后喷施：绿妃+加瑞农1次，30毫升绿妃+100克加瑞农药混用对水45升喷施，15天1次。

> 防控白粉病、疫病、炭疽病、疮痂病等。

第六步：喷世高1次1桶水/(10克)袋，7天1次。

第七步：灌根阿米西达1次100毫升/亩。灌根或冲施均可。

第八步：喷世高+金雷5克+30克对水15升，7～10天1次。

（三）越冬茬辣（甜）椒保健性防控方案（11月至翌年5月）

第一步：穴盘药水浸盘：35% 锐胜 10 克 +10 毫升阿米西达对水 15 升淋盘药浸辣椒苗。 ← **定植前 1～2 天防控蚜虫、烂根和病毒传播。**

第二步：撒药土。移栽时每亩随定植沟撒施 10 亿个枯草芽孢杆菌 / 克可湿性粉剂 1～2 千克拌药土于沟畦中。 ← **刺激根系活性和缓苗。**

第三步：定植时喷淋 68% 金雷 500 倍液对土壤表面进行药剂封闭处理：喷施穴坑或垄沟。移栽田间缓苗后开始。 ← **此步防控辣椒茎基腐病和立枯。**

第四步：喷达科宁 1 次，每 100 克对水 45 升，7～10 天 1 次。

第五步：喷绿妃 1 次 10 毫升对水 15 升，10 天 1 次。

第六步：灌根阿米西达 1 次 50～60 毫升 / 亩对水 90 升根施用药，30 天 1 次。

第七步：喷金雷 10 克对水 15 升，10 天 1 次。

第八步：灌根阿米西达 1 次 120～150 毫升 / 亩，随水冲施或滴灌均可，40 天 1 次。

第九步：喷嘧霉环胺 1 200 倍液，14 天 1 次。 ← **防控冬季灰霉病。**

第十步：灌根阿米西达 1 次，150～200 毫升 / 亩，40 天 / 次。基本保持收获期植株健康，不再施药。

第四篇

设施茄子栽培与病虫害绿色防控技术

一 茄子生物学特性

茄子的根系发达，属于纵向型直根系。主根垂直伸长，深度可达1.3～1.7米。侧根分布不及番茄根系。主要根群分布在30厘米的土层中。茄子根系木质化较早，生成不定根的程度相对弱一些，侧生根生成短，分布在5～10厘米的土层中。茄子根不像番茄根系再生能力较强，其损伤后很难恢复。因此，育苗时不强调多次移栽来刺激旺盛生长的幼根系。茄子育苗时应适时考虑营养钵育苗或采用穴盘无土育苗等方法。茄子根系需氧量大，田间积水、大水漫灌、土壤板结均不利于根系生长，致使根系窒息，造成植株萎蔫死亡。因此，起高垄栽培和使土壤疏松是高产种植棚室茄子的重要措施。

茄子茎幼苗期为草质，随着生长木质化程度加强。即苗后期的50～60天的秧苗开始木质化。结果后的随着成株挂果，粗壮的直立性木质化枝茎成为丰产结茄的支架。为攀缘性蔓生茎，具有顶端优势及分枝能力，茎蔓长度会因栽培品种和栽培模式不同而有差异。

茄子分枝方式为双叉假轴分枝。主茎生长到一定节位时顶芽分化成花芽形成结果的单花或簇花，下面的两个腋芽萌发抽生为侧枝。以后每个侧枝再现2～3叶后，顶芽又分化花芽，花芽下面再一次分枝，于是就构成了连续的双假轴二叉分枝。根据分叉、结果顺序从下到上依次成为人们常说的门茄、对茄、四门斗、八面风、满天星之说。

茄子植株因生长速度比番茄要慢，因此，分叉开张度不是很大。株型紧凑茎叶繁茂，营养生长和生殖生长容易得到平衡。

茄子叶子为单叶、互生、柄长、叶形与品种特性有关。生长矮的品种叶片较宽大。叶片边缘有波浪状的缺刻，叶面粗糙有茸毛，叶脉和叶柄有刺。叶片颜色与品种果色特性有关，紫色茄叶脉为紫色、白茄、绿茄叶脉为绿色。

茄子花为两性花。单生，较少簇生。自花授粉。开花时，花粉从花药顶孔开裂散出。开花后依据雌蕊柱头长短分为长柱花、中柱花、短柱花。花柱高出为长柱花，花大色深为健全花，可以正常授粉结果：花柱低于花药或褪化为短柱花，花小色淡、花梗细多为不健全花，一般不能正常结果或畸形。未经受精而结成的果实多为僵果，俗称石茄子。

花器的大小多与生长势有关。植株生长健壮，叶大肉厚，叶色浓绿带紫，其花也肥大、花梗粗、花柱长。生长不良的植株，茎叶细小，花器也瘦小，花色淡、花柱短。土壤干旱或营养不良均会影响花器的发育，应及时采取相应措施促使植株健壮，保证植株正常的生长发育。

茄子果实属于浆果。开花以前果实的细胞分裂已经结束，开花后果实的膨大主要靠海绵组织细胞的膨大而长成果肉。海面组织细胞的紧密结构决定着果肉的质地。一般圆茄果肉比较致密，细胞排列呈紧密结构间隙小。长茄果肉排列呈松散结构，质地细腻。

果实的形状有圆形、椭圆形、卵圆形、扁圆形、和长形。果实颜色有白色、紫色、黑紫色、白绿色。

茄子的种子扁圆形或卵圆形、黄白色。种皮有腊质层，坚硬，不易透水透气。千粒重4～5克，1克种子200～250粒。采种后种子的寿命3～5年不等。

（一）生育周期

1 发芽期 自播种后种子萌动到第一片真叶出现，约20天。此期应给予较高的温湿度和充足的光照，以防止徒长。

2 幼苗期 从第一片真叶出现到现蕾是幼苗期。幼苗期是营养生长和生殖器官分化同时进行。幼苗四叶期以前主要是营养生长，四叶期后，花芽分化开始。一般一个花絮只有一朵花。在适宜的温度范围内，有时温度稍低，花芽分化时间略微迟缓一些，但分化出的长花柱居多。所以，苗期昼温25℃左右，夜温保持15～20℃较为适宜。否则棚室昼夜温度低于10～15℃将严重影响花芽分化和开花。

3 结果期 茄子的结果习性较有规律，这与茄子分叉有关。每分一次叉就结一层果实。按果实出现的先后顺序我们习惯上称为门茄、对茄、四面斗、八面风、满天星。开花数字呈几何倍液数增长。前三层的分叉和果实分布比较准确，后面由于各分枝竞争营养争夺养分的不均衡，会有不太规律的果实分布。果实从开花到瞪眼，到成熟需20～25天。至种子成熟还要30天左右。

（二）环境条件要求

1 温度　茄子喜温。对温度的要求比较高。（比番茄还要高一些）。茄子耐热性强生育期间最适宜温度发芽是 30℃，低于 25℃发芽缓慢。采用变温交替催芽处理效果会好一些。

茄子生长发育适宜生长气温为 20～30℃，气温低于 20℃以下，授粉和果实发育将受到影响。低于 15℃，生长缓慢。易落花。茄子停止生长的温度是 13℃。低于 10℃时茄子的新陈代谢就会紊乱。在 0℃时会受冻害，持续时间长了，会因此死亡。相反温度高于 35℃时，花器容易老化，短花柱比率增加，畸形果多或落花落果现象严重。根据茄子的适宜生长对温度的条件要求，棚室栽培冬春早期育苗，保温，加温环节是非常重要和必须的。

2 光照　茄子属于喜光作物。随对光照要求不是很严格，但是日照时间越长，生长发育就越旺盛。花芽早分化，植株生长发育健壮。弱光条件下或光照时间短的环境里，会严重降低花芽分化的质量，短花柱增多，落花率增加，果实着色不好，尤其是紫色品种受影响更大。

创造良好的茄子受光环境，合理密植是茄子高产、优质的基本条件。

3 水分　茄子对水分的需求量大，土壤含水量以 70%～80% 为宜。但不同的生长发育时期需水量有所不同。门茄时相对需水量较少。随着门茄的迅速增大，需水量逐渐增多，直到对茄收获前后需水量是最大的。满足茄子的需水量，对果实表面细腻和品质有着极大的因果关系。但是茄子又怕过度潮湿和积水，要随时防止土壤板结，改善土壤通透气环境，适宜的空气相对湿度控制在 70%～80%。

4 土壤　茄子喜欢中性偏微碱的土壤，在土壤 pH 值 6.8～7.3 都能正常生长。对肥量需求较高。这是由茄子的生长期长、产量高的特性决定的。在肥料的需求上，生长后期需求量比前期多 1/3。整个生育期都需要氮肥，氮不足生长势弱，分枝少，落花多，果实生长慢、果色不佳。但是多施磷肥可促进提早结果、重组的钾肥又可增加产量。一般多施氮肥在茄子上徒长现象很少，因此，底肥不足时，尽快用追肥补充氮肥，以保证茄子正常生长的养分需求。

茬口安排与品种选择

（一）茬口安排

茄子茬口有很多，已形成了日光温室、大棚种植、中小棚种植、地膜覆盖和露地种植等多种形式共同发展的生产格局，不同地区茬口安排不同。

以华北区域中南部为例，茄子各茬口的播种、定植及收获日期（表10）。

表10　茄子不同栽培形式的播种期和上市时间

栽培形式	茬口	播种期	日历苗龄（天）	定植期	上市时间
露地	早春茬（地膜）	1/中、下	80~90	4/中、下	6/上~8/底
	夏秋茬	4/中、下	50~60	6/中	8/上~11/上
保护地栽培	地膜+小拱棚 春提前	12/下~1/上	80~90	3/底~4/初	5/中~8/上
	塑料大中棚 春提前	12/上中	80~90	3/中、下	5/上~7/底
	塑料大中棚 秋延后	6/中下~7/上	35~40	7/下~8/中	9/中~11/下
	日光温室 秋冬茬	7/上中	35~40	8/上~9/上	10/下~1/下
	日光温室 冬春茬	10/中下	80~100	1/下~2/上	3/上~7/下
	日光温室 越冬茬	8/中	50~60	10/中~11/上	1/初~7/上

（二）品种介绍

1 茄杂系列　中早熟，生长势强，叶片绿色，叶脉浅紫色。始花着生于第8~9节，果实圆形，紫黑红色。光泽度好，果肉浅绿白，肉质细腻，味甜；单果重800~1 000克，最大2 000克，果实内种籽少，大而不老，品质好。膨果速度快，从开花到采收15~16天，连续坐果能力强。抗逆性较强，较抗黄萎病，耐绵疫病，适应性广。一般亩产

7 000～10 000 千克，最高达 15 000 千克。适合于春季棚室、陆地栽培。

2 **黑茄王、黑宝系列** 耐热、抗病。株型紧凑，果实圆形，紫黑油亮，无绿顶，商品性好。籽少。果重 800～1 000 克，亩产 5 000 千克，适合陆地、秋延后栽培。

3 **农大 601、604 系列** 中早熟圆茄，果皮黑亮，着色均匀，果肉紧实、细嫩、籽少，商品性状优良，丰产性好，抗病性强。始花节位 8～9 节；株型紧凑，生长势强，性状整齐一致；坐果早，膨果快且连续集中。适合于早春、秋延后棚室栽培。

4 **紫月长茄系列** 果形长棒槌形，杂种一代，中熟长茄。株高 90～100 厘米，株展 75 厘米，长 35 厘米，粗 3～5 厘米，结果性好，光泽，单果重 200 克，抗病优质。亩产 4 000～5 000 千克。适于早春保护地、露地及越夏栽培。

5 **越冬长茄类布利塔** 果实棒锤型，紫黑色，绿把，绿萼片，质地光亮油滑。比重大，味道好，耐运。果重 450～500 克。无限生长型品种，叶片中等大小，耐低温，耐弱光，早熟，每片叶一个花，坐果多。产量高，平均亩产 10 000 千克以上。

6 **紫光圆茄越夏大茄** 生长势强，叶片绿色，叶脉浅紫色。始花着生于第 9～10 节，果实圆形，紫黑红色，紫萼片。光泽度好，果肉浅绿白，单果重 800～1 000 克。适于越夏栽培或恋秋露地栽培。

7 **超九叶圆茄** 中晚熟。果实圆形稍扁，外皮深黑紫色，耐贮运，有光泽；果肉较致密，细嫩，浅绿白色，稍有甜味，品质佳。单果重 1 000～1 500 克，一般亩产 4 000～5 000 千克。

8 **引茄 1 号** 长形茄，株型较直立紧凑，开展度 40 厘米×45 厘米，结果层密，坐果率高，果长 30～38 厘米，果粗 2.4～2.6 厘米，持续采收期长，生长势旺，抗病性强，根系发达，耐涝性强。商品性好。果形长直，不易打弯，果皮紫红色，光泽好，外观光滑漂亮，皮薄、肉质洁白细嫩，口感好，品质佳，一般亩产 3 500～3 800 千克。

购买茄子种子应注意的问题

1. 根据自己棚室的设施类型、种植模式慎重选择适宜的品种。越冬茬一般选用耐低温、耐弱光的品种如布利塔、尼罗等；早春茬选用农大601、墨星1号、茄杂2号品种；越夏露地品种选用耐热品种，如农大604、紫光圆茄等。

2. 茄子保护地种植对塑料薄膜有一定要求，需使用紫光膜（醋酸乙烯转光膜）或聚乙烯白色无滴膜，以使茄子着色均匀，商品性好。

3. 结合当地市场销售渠道和价格优势，根据种植模式、季节及管理水平选择优质、高产、抗性强的品种。避免选择没有在当地经过示范试验的品种，减少不必要的经济损失和减产纠纷。买种籽不同于买农药，若农药的药效不理想，还可以补救，用其他农药进行救治。种子一旦出现问题，则错过种植季节，这就是农民常说的"有钱买籽，没钱买苗"的道理。更不要听从不负责任的种子经销商的诱惑和忽悠。在没有经过当地技术部门大面积的示范的前提下，任何许诺、诱使、赊欠种子的行为，都会给瓜农埋下经济损失的隐患，这方面的教训是惨痛的。尤其是越冬、早春栽培品种，其品种的耐寒性、弱光性、低温下的坐果率以及坐果后的抗黄萎病性能都是影响茄子经济效益的重要因素，这些都是选择品种的关键。

三 育苗技术

（一）育苗方式

苗期在整个茄子生产中占举足轻重的地位，秧苗的优劣直接影响着定植后植株的长势乃至最终的产量。早春栽培从时间上说苗期占整个生长期的 $1/3 \sim 1/2$，且正处于一年中温度较低的季节，技术要求较高。夏季育苗，由于高温、病虫害等影响，也增加了培育优质壮苗的难度。所以育苗技术非常关键。

不同地区、不同茬口、不同的棚室种植模式，由于育苗时间所遇到的温度条件不一样，或由于当地的经济条件和生产习惯不同所采取得育苗方法不一样，但是创造一个适宜茄子幼苗生长，培育壮苗是最终目标。

育苗方式主要有以下几种（表11）。

表11 茄子主要育苗方式

苗床营养土育苗	在棚室里建立一个阳畦式温床，把营养土直接铺入育苗畦中，厚度10厘米左右。把种子撒播在小面积的土盘或土盆中，待出土生长至1～2片真叶时，二次移栽至棚室中的育苗畦。
营养钵育苗	将营养土装入育苗钵中，育苗钵大小以10厘米×10厘米或8厘米×10厘米为宜，装土量以虚土装至与钵口齐平为佳，播种后施药土覆盖，也可以先把种子撒播在小面积的土盘中，待出土生长至1～2片真叶时再二次移栽营养钵中。生产中也有育苗阳畦与营养钵结合育苗方式，集中把营养钵放置育苗畦中。棚中棚保温效果更好。
穴盘无土育苗	目前生产上应用较多且简便易行、成活率高的是穴盘无土育苗技术，此技术已经在蔬菜主产区种植基地许多小规模专业合作社形式下的育苗农户以及蔬菜示范园区广泛应用，效果良好。穴盘选择：冬春季育苗：育5～6片叶苗，苗龄60～80天，一般选用72孔苗盘。夏季育苗：由于气温高，苗期短，一般选128孔或72孔苗盘。
营养块育苗	引用已经配置好的营养草炭土压制成块的定型营养块，直接播种至土块穴中覆土，按常规管理法即可。
现代化工厂化育苗	采用草炭：蛭石：废菇料，加入有机质肥料做基质的现代化的温控管理。

（二）育苗土的配制

1 营养土的配制　茄子营养土要求疏松肥沃保水力强。一般按园田土6份、腐熟圈粪3份、腐熟马粪1份的比例配制。若土质黏重，可按园田土4份、圈粪3份、牛马粪3份的比例配制。另外，1立方米营养土加过磷酸钙（或磷酸二铵）和硫酸钾各0.5千克，均匀喷拌于营养土中，为防止苗期病虫害的发生，1立方米可加入68%精甲霜灵锰锌可分散粒剂100克和2.5%咯菌腈悬浮剂100毫升随水解后喷拌营养土一起过筛混拌均匀。用这样的药土装入营养钵或做苗床土铺在育苗畦上，可有效防止苗期立枯病、炭疽病和猝倒病等病害。

2 穴盘基质配制　基质配比按体积计算，草炭：蛭石2：1，或草炭：蛭石：废菇料1：1：1。冬春季配制基质时，1立方米加入氮磷钾15：15：15三元复合肥2千克，料与基质混拌均匀后备用。夏季配制基质时，1立方米加入氮磷钾15：15：15三元复合肥1～1.5千克。

（三）合理确定育苗时间

根据当地气候条件和定植适期确定播种期。一般苗龄80～90天，北方冬春棚室如果保温设施好，茄苗生长速度快。

> 茄子的适龄壮苗标准是：茎粗壮，株高18～20厘米；叶厚色深，早熟品种6～7片叶，中晚熟种8～9片叶，根系洁白发达，70%以上现蕾；日历苗龄90～100天。若采用酿热温床或电热温床，地温高，秧苗发育快、素质好，苗龄可适当缩短为80～85天。

（1）春季棚室栽培的茄子双覆盖栽培，晋冀鲁豫辽京津区域一般12月下旬至1月上旬播种，3月底至4月上旬定植。定植适期的关键是棚内气温不低于10℃，10厘米地温稳定在13℃以上1周的时间，从定植适期再往前推算一个苗龄的时间即为播种适期。

培育适龄壮苗是茄子早熟丰产的关键。播种过晚，苗龄短，植株小，始收期推迟，难以达到早熟栽培目的。播种太早，苗过大甚至在苗床中开花、定植后缓苗慢，造成门茄坐果难。

冬早春育苗，遇到降温时节，建议使用生长调节剂3.4%碧护可湿性粉剂7 500倍液药液喷施以提高茄苗的抗寒性。

（2）日光温室秋冬茄子育苗时间为7月中下旬至8月上旬，日历苗龄为35～40天，8月下旬至9月上旬定植。培育适龄壮苗是此茬栽培成功的关键。高温、多雨、强光、虫害、干旱及伤根等，都是诱发病害及蔓延的重要因素。选择通风条件好、地势高燥的地方作苗床，有利于排水、防徒长，在苗床上插起不小于80厘米高的竹拱架，上面搭旧塑料布、遮阳网或竹帘，以防强光、避高温、遮雨和防露水。夏季育苗用营养钵最好，育苗面积每亩需40～50平方米，间苗后可直接栽到大田。有条件的地方，在苗床周围用尼龙网纱围起来，防虫迁入。

茄苗出土后要中耕松土，防苗徒长和防病。防徒长可喷0.3%的矮壮素或0.4%比久生长抑制剂。2叶后喷施30亿个枯草芽孢杆菌可湿性粉剂 800 倍液，10 天 1 次，预防苗期病害，假如没有加盖防虫网，放置黄板诱蚜措施还要考虑防治蚜虫、蛐蛐和螨类等药剂。

（3）越冬—大茬栽培育苗一般在 8 月下旬至 9 月上中旬。深冬茬茄子为增强耐寒能力，提高茄子对黄萎病、青枯病、根结线虫病和根腐病的抗性，一般采用嫁接栽培，育苗时间提前至 7 月中到 8 月中旬。尤其是嫁接育苗的，此时多数地区的温室尚未建立起来，在气温较高的黄淮海地区，可在露地做平畦育籽苗，待分苗时，再转入温室中。露地育苗也要搭起拱架，上覆棚膜防雨，重点是加强夜间的保温。高纬度或高寒地区，须在温室或阳畦育苗，保温防寒尤为重要。如采取嫁接育苗，保温工作就显得更为重要。砧木可用采用托鲁巴姆、刺茄（CRP）或赤茄，其中以托鲁巴姆的嫁接亲和性较强，生长势增强明显，生产上应用最多。砧木托鲁巴姆亩用种 10 ～ 15 克，接穗品种亩用种 30 ～ 40 克。

（四）种子处理

播种前检测发芽率，选择发芽率大于 90% 以上籽粒饱满、发芽整齐一致的种子。已包衣的种子可直接播种，未包衣的种子播前首先用 1% 的高锰酸钾溶液浸种 30 分钟捞出淘洗干净然后用温汤浸种法（55℃水）需不断搅拌，用水量为种子的 5 倍液，浸泡 15 分钟，再用 25℃温水浸泡 8 ～ 12 小时，然后搓去种皮上的粘液，洗净后摊开晾一晾，再将种子装入纱布袋，放在 28 ～ 30℃下催芽，催芽过程中每天用清水投洗 1 次，注意倒布袋使其受热均匀。6 ～ 7 天出芽。若每天 16 小时 30℃，8 小时 20℃变温催芽，能明显提高出芽的整齐度，且芽壮。茄子种子浸种后也可不催芽直接播种。

夏季育苗时要用 10% 磷酸三钠处理 15 ～ 20 分钟，然后用清水冲洗干净以杀灭种子表面的病毒，风干后播种。

嫁接使用的砧木种子砧木托鲁巴姆种子发芽和出苗较慢，幼苗生长也慢，要比接穗品种早播 25 天左右。托鲁巴姆种子休眠性强，提倡用催芽剂或赤霉素（920）处理，将砧木种子置于 55 ～ 60℃温水中，搅拌至水温 30℃，然后浸泡 2 小时，取出种子风干后置于 0.1% ～ 0.2% 赤霉素（920）溶液中浸泡 24 小时，处理时放在 20 ～ 30℃下，然后用清水洗净、变温催芽。砧木应比接穗早播 15 ～ 20 天。一般砧木出苗后再播接穗，待砧木苗长到 5～7 片真叶半木质化、接穗茄子苗 5～6 片真叶时，进行嫁接。

（五）播种及苗期管理

1 播种 播前用清水将基质或营养钵喷透，以水从穴盘底孔滴出为宜，使基质最大持水量达到 200%。待水渗下后播种，播种深度大于 1 厘米，播后覆盖蛭石，喷洒 68% 精甲霜灵锰锌水分散粒剂 600 倍液或 72.2% 霜霉威水剂 800 倍液封闭苗盘，防治苗期猝倒病病害。冬季育苗，苗盘上加盖一层地膜，保水保温。夏季可不盖膜，但要及时喷水。

培育自根苗，一般 8 月上旬至 9 月上旬播种，最好用育苗钵或穴盘育苗，以保护根系。需要分苗的，可在露地做平畦育籽苗，待分苗时，再转入温室中。

间苗和分苗，为保持适当的营养面积，齐苗后及时间苗，保持苗距 2～3 厘米见方。间拔小苗弱苗，防止苗过密造成高脚苗和弱苗，这段时间一般不浇水。当幼苗 2～3 片真叶时分苗，以免影响花芽分化。分苗前 1 天喷透水，起苗时要尽量少伤根，分苗密度以 10 厘米见方为宜。苗距过小，不仅影响苗床内光照状况造成徒长，而且影响花芽分化，造成短柱花增多。缓苗后，可叶面喷洒尿素、磷酸二氢钾、糖、醋各 0.3% 的混合液肥。苗床尽量不使用生长激素，以防秧苗徒长，妨碍花芽分化与发育。

> 将苗移栽到营养钵内或秧畦中其分苗步骤是，挖沟→顺沟浇水→按 10 厘米见方摆放茄苗→覆土。

移栽前需要进行地面 68% 精甲霜灵锰锌水分散粒剂 500 倍液封闭杀菌，以防茄子早期感染茎基腐病和猝倒病。

采用劈接法嫁接育苗，7 月下旬将催好芽的砧木种籽直接播在营养钵中，覆 1 厘米厚的细土。砧木开始出苗（约 25 天）时，将育苗床铺平营养土，浇足底墒水，水渗后撒一层营养土，使床面平整，将接穗种子均匀播入苗床，盖上 1 厘米厚的细土。出苗期间，营养钵和苗床都要注意保温保湿，白天 25～30℃，夜间 18～20℃；出苗至真叶展开期，夜温降至16℃左右，土温18℃以上为宜。为防止"戴帽"出土，拱土时可覆一次湿润的细土。接穗出苗后，适当间苗，为防止伤根引发病害，一般不分苗，要求白天25～28℃，夜间16～20℃。育苗正处于高温雨季，应注意防雨、遮阴，防止病虫害发生。

② **苗期管理**　茄子是喜温作物，苗期管理主要是增温管理。苗床温度管理掌握"两高两低一锻炼"的原则。播种后的出苗阶段和分苗后的缓苗阶段，适当提高管理温度，掌握白天28～30℃，夜间25～20℃，地温19～25℃。齐苗后和缓苗后，为保证幼苗正常健壮生长和花芽分化及发育，掌握白天上午25～28℃，不超过30℃；下午25～20℃；前半夜20～18℃，后半夜17～15℃。阴天适当降低昼夜管理温度。定植前7～10天进行低温炼苗。整个苗期地温掌握18～22℃，不低于16℃。苗床温度主要通过放风量和揭盖草苫的早晚来调节。还要注意结合温度管理放风排湿防病。

为改善床面光照状况，应注意选用无滴膜，经常清扫膜面，尽量早揭晚盖草苫，增加光照时间，阴天仍要坚持揭苫见散射光。遇连阴天，可用人工补光，但一般要达到2 000～3 000勒克斯以上才能见效。

③ **嫁接及嫁接后苗期管理**　一般嫁接采用劈接法。当砧木、接穗5～7片真叶时为嫁接适期，时间为9月中下旬。嫁接前一天下午，用80万单位青霉素、链霉素各1支对水15千克喷洒幼苗，或喷800～1 000倍液的75%百菌清可湿性粉剂，消灭感染源，并摘除病苗。砧木苗子嫁接前适当控水，以防嫁接时胚轴脆嫩劈裂。从砧木基部向上数，留2片真叶，用刀片横断茎部，然后由切口处沿茎中心线向下劈一个深0.7～0.8厘米的切口，再选粗度与砧木相近的接穗苗，从顶部向下数，在第二或第三片真叶下方下刀，把茎削成两个斜面长0.7～0.8厘米的楔形，将其插入砧木的切口中，要注意对齐接穗和砧木的表皮，用嫁接夹夹好，摆放到小拱棚里。

④ **嫁接后的管理**　嫁接后把苗钵摆在苗床上，浇透水。盖上小拱棚，保温保湿，适当遮阴，前5天温度白天24～26℃，夜间18～20℃，棚内

嫁接苗定植时注意事项
定植时注意嫁接苗刀口位置要高于栽培畦土表面一定距离，以防接穗根受到二次污染致病。

相对湿度 90% 以上，5 天后逐渐降低湿度，空气湿度 80%，通风，茄苗要适当见光，8 天后空气相对湿度达到 70%，10 天后去掉小拱棚，拿掉嫁接夹，转入正常管理。砧木的生长势极强，嫁接接口下面经常萌发出枝条，要及时抹去，以免消耗营养。

四 棚室消毒、施肥和作畦

（一）棚室消毒

定植前 15 天，每亩用硫磺粉 1.5 ～ 2.5 千克或敌敌畏 250 毫升，与锯末混匀后点燃，密闭 24 小时熏蒸消毒。还可密闭温室一周进行高温闷棚，越冬周年生产的棚室连作栽培的地块，应该考虑采用高温闷棚方法进行土壤消毒灭菌。有效降低土壤中病菌和线虫的为害。

其操作顺序是：拉秧→深埋感病植株或烧毁→撒施石灰和稻草或秸秆及活化剂，一同施入腐熟鸡粪、农家肥、磷酸二铵→深翻土壤→大水漫灌→铺上地膜和封闭大棚，持续高温闷棚 20 ～ 30 天进行土壤消毒，保持土壤温度在 50℃以上进行灭菌减害。注意可以放置土壤测温表、观察土壤温度。揭开地摸晾晒后即可做垄定植。这个方法可有效杀死土壤中的病菌与虫卵。提前扣膜，一般于 9 月下旬至 10 月上旬覆膜。定植前后培好墙外防寒土，封冻前填埋底脚外防寒沟，这是北方较寒冷地区栽培这茬茄子的两项重要措施。处理后的土壤栽培前注意增施磷钾和生物菌肥。

（二）施肥和作畦

1 越冬茬施肥方式 属于长期栽培，一定要多施基肥。一般普施腐熟草圈粪 10 立方米，并进行深翻；腐熟鸡粪 2 ～ 3 立方米，磷酸二铵 30 ～ 50 千克，用于沟施肥。整平地后，按宽行 90 厘米、窄行 70 厘米做南北向的定植沟，沟宽 40 ～ 50 厘米，沟深 30 厘米，将精肥施入沟内深翻，与土充分混匀，在沟内浇水。水渗后可操作时，起高 20 厘米，宽 60 厘米栽培垄。宽行留 30 厘米走道，窄行留 10 厘米浇水沟。上述工作要在定植前 7 ～ 10 天完成。

2 冬早春施肥方式 亩施腐熟草圈粪 5 立方米，优质腐熟鸡粪 3

立方米，磷酸二铵 50 千克，硫酸钾 30 ～ 50 千克。草圈粪普施，鸡粪和化肥最好沟施。采取高畦覆地膜，大小行种植，大行距 80 ～ 90 厘米，小行距 50 ～ 60 厘米，株距 40 ～ 50 厘米。也可采用膜下暗灌形式。

❸ 秋冬施肥方式 亩施优质农家肥 5 立方米，磷酸二铵 50 ～ 70 千克作基肥，深翻混匀，大小行栽培。

❹ 春、秋大棚种植模式施肥方式 每亩结合整地施入腐熟细碎有机肥 5 立方米，茄子属深根性作物。撒粪后深翻 30 厘米。可作成高畦，宽 80 ～ 90 厘米，畦高 12 ～ 15 厘米，畦间距 60 ～ 70 厘米，每畦种 2 行。结合作畦，沟施优质腐熟鸡粪 2 ～ 3 立方米，磷酸二铵 30 ～ 50 千克，硫酸钾 25 千克或过磷酸钙 50 千克，饼肥 150 ～ 200 千克。为提高地温，作畦后应覆盖地膜。也可按大小行作成栽植沟，不覆地膜，日后渐培土成高垄，防止挂果后植株倒伏。

五 定植及设定密度

越冬一大茬茄子	定植时间为 10 月，最晚不得超过 11 月上旬。选择晴天上午无风时定植。采用双行错位法定植，选择生长旺盛、整齐一致的苗，按 40 ～ 50 厘米株距栽苗，每亩 1 800 ～ 2 200 株，花蕾朝南，栽苗后浇透水，随水穴施硫酸铜 2 千克拌碳酸氢铵 8 千克，预防黄萎病。嫁接育成的苗，定植时接口要高出地面至少 3 厘米，防止穗接触土壤，产生自生根，进而传染黄萎病，失去嫁接意义。土壤干湿适度时，进行中耕，增加土壤的通透性，提高土温，促使根系发育，俗话说"根深才能叶茂"。连锄两遍后，覆地膜，从地膜上划个小孔，把苗子掏出即可，目的是增温保湿。
棚室冬早春茄子	采取高畦覆地膜、大小行种植，大行距 80 ～ 90 厘米、小行距 50 ～ 60 厘米，株距 40 ～ 50 厘米。也可采用膜下暗灌形式。 定植时选晴天上午，按一定的株距在膜上打孔，穴内浇水，而后坐水栽入苗坨，再填土整平，也就是人们熟知的"水稳苗"。栽苗深度以覆土后土坨在地下 1 厘米左右为宜。栽苗 1 ～ 3 天后地温稍有回升，再浇定植水。为了创造更有利于秧苗早发的环境，定植后要盖小拱棚。

棚室秋冬茄子	定植时，大部分地区温室的棚膜尚未扣上，有一段或长或短的露地生长时间，亩栽 2 000 ～ 3 000 株。定植前一天给苗床浇大水，起苗时尽量少伤根，确保一次全苗。选阴天或晴天的傍晚突击定植，要随栽随顺沟浇大水，以防苗打蔫。 　　浇完定植水后抓紧中耕。4 ～ 5 天后再浇一次缓苗水，然后掌握由深到浅、由近到远，反复中耕 2 ～ 3 次，要锄透搛绒，并注意向垄上培土，雨后及时松土。
春茬大棚茄子	定植密度依品种和整枝留果数而定，一般密度以每亩 1 500 ～ 2 500 株为宜。农大 601 或黑宝生长势强，果大，密度适当放稀，一般每亩 1 700 ～ 1 900 株为宜，高密度栽培不能超过 2 000 株。 　　一般棚内 10 厘米地温稳定在 13℃以上即可定植。如果大中棚内有保温措施，如地膜小拱棚、中棚加盖草苫等，可适当提前 1 ～ 2 周定植。定植采用开沟或挖穴暗水稳苗方法。避免畦面浇大水降低地温，延迟缓苗。栽植宜深些，以畦面高出土坨 1 厘米左右为宜。
秋茬大棚茄子	当苗子 3 ～ 5 片真叶，苗龄 30 ～ 40 天时，即可定植，一般在 7 月底至 8 月上中旬。结合整地施肥，进行作畦。栽植密度因品种而异，一般亩栽 1 800 ～ 2 500 株，如黑茄王每株接 3 个茄子打顶，亩需 1 800 ～ 2 200 株。为防止苗日晒萎焉，定植时应选阴天或晴天的下午。定植水要浇足浇透。对徒长的幼苗，不要栽植过深，可采取卧栽的方法，以促成不定根的形成。

六 田间管理

（一）温度管理

1 越冬棚室茄子栽培的管理　茄子属典型的喜温作物，生育适温是 22 ～ 30℃，低于 17℃生长缓慢，较长时间处于 7 ～ 8℃会发生冷害，35 ～ 40℃高温对茎叶和花器发育都不利。定植到缓苗温度宜高些，白天 28 ～ 30℃，夜间不低于 15℃，地温 20℃左右。缓苗后温度要降下来。为了有利于促进光合作用、光合产物的运转和抑制呼吸消耗，正常情况下，一天之中可按 4 段进行温度管理：果实始收前，晴天上午 25 ～ 30℃，下午 20 ～ 28℃，前半夜 13 ～ 20℃，后半夜 10 ～ 13℃。果实采收期，上午 26 ～ 32℃，下午 24 ～ 30℃，前半夜 18 ～ 24℃，后半夜 15 ～ 18℃。阴天时白天不超过 20℃，夜间温度保持在 10 ～ 13℃。

在不加温的日光温室里，冬季很难实现上述温度指标。这段时间光照时间短，光照强度弱，管理的温度必须从低掌握，切不可因天气好而盲目高温。遇有连阴天时，首先要利用各种可行的增温保温设施，尽量不使最低气温低于 8℃，争取地温在 17 ～ 18℃以上。必要时需临时补温的，也只能使温度不下降到最低温度，没有必要使温度很高。否则只有高温，没有相应强度的光照，反而会过度消耗植株体内的养分，对安全度过低温寡照时期不利。严冬过后，春季到来，日照时间越来越长，日照强度也越来越大，天气转暖，气候条件越来越适合茄子生长。这时要逐渐提高管理温度，进而转入按上述指标的正常温度去管理。

定植时，如果天气好、光照强，定植后 1 ～ 2 天中午放草苫遮阴。缓苗后嫁接苗生长较快，一定要通过中耕等措施蹲住苗，防止徒长造成的落花落果。随着温度降低，以防寒保温为栽培管理重点，尤其在夜晚，注意增加温室设施的保温性能，例如辽宁海城区域越冬棚室温室配制棉质苫被，山墙外面培玉米秸秆等，后坡覆盖草苫，温室内近门处用塑料薄膜围起缓冲带，门口封严，必要时在棚面近底脚处再加盖纸被或稻草苫围护，防止棚内近底脚处形成低温带。12 月上旬开始进入开花坐果期，此期管理重点是强化温室保温，温度通过盖草苫、放风调节。使用放风筒放风，可减少棚内温度变化的幅度。一般在棚内离脊不远处，从东到西每隔 3 米左右留一个放风筒，支起多少放风筒和放风时间长短，依棚内温度而定。

12 月下旬至 1 月下旬是一年中最冷的季节，茄秧和果实都生长缓慢，这段时期又叫缓慢生长期，栽培管理的好坏是越冬栽培成功的关键，较寒冷地区更是如此。缓慢生长期的管理目标是茄秧能安全越冬，果实有一定生长量，主要管理措施是保温防寒，若果室内最低气温降至 10℃以下就应临时加温，寒潮侵袭期间夜间必须短时间加温。

一般情况下白天不放风，上午揭苫子时间以揭开之后暂时能下降 1℃左右，20 多分钟后又能升温为准，在此前提下尽早揭苫子，使室内早受光并升温。阴天只要不降雪也要揭苫子，充分利用阴天的散射光，室内温度也能上升一些。最忌阴天不揭苫子，防止照不到散射光，室内得不到热量补充，又持续散热，室内温度就越来越低，无光又低温的环境对茄子生长很不利。降雪过后应立即除雪，揭开苫子受光升温。如果是雪后初晴，揭苫子时棚膜上应留一部分苫子，也是菜农常说的揭花苫。遮升～2小时花荫，防止骤然强光、升温使茄秧生理性脱水萎蔫。掌握气温晴天高，阴天低。下午室内气温降至20℃左右就盖纸被和草苫子等，动作要快，争取在较短时间内盖完，把较多的热量闷在温室里，但又不能盖得过早，要保证光照时间，一般每天至少要有6小时以上光照时数，短期5小时光照也勉强可以。

2月中旬以后，随日照时数增加，适当早揭苫，晚盖苫，增加植株见光时间。

2 秋冬棚室茄子栽培的管理　浇完定植水后抓紧中耕。4～5天后再浇一次缓苗水，然后掌握由深到浅、由近到远，反复中耕2～3次，要锄透推绒，并注意向垄上培土，雨后及时松土。

缓苗后，喷0.4%～0.5%矮壮素或助壮素（2毫升1支对水10千克），促使壮秧早结果。

门茄开花前后各喷1次2 500倍液的亚硫酸氢钠（光呼吸抑制剂），门茄开放时用50毫克/千克水溶性防落素（即1毫升防落素对水20 000升）加20毫克/千克赤霉素（即50 000升水中对1克赤霉素）喷花1次。注意喷杀螨剂防治红蜘蛛、茶黄螨等害虫。

当日平均气温达到16～18℃时，抓紧时间扣膜（紫色或白色膜）。扣膜初期不要完全封严，要通大风。以后随天气转冷逐渐减少通风，使茄子渐渐适应温室环境，直到封严。

扣膜后的管理包括：喷雾或烟剂熏蒸，进一步除治虫害，务求不留或少留残虫；生产年中常在定植时采用植株灌根施药方式，一次性将刺吸式害虫和鳞翅目害虫等统一防除。方法是采用30%噻虫嗪·氯虫苯甲酰胺悬浮剂50～60毫升/亩灌根施药，防控持效期达80天。

此时，可用防落素处理花；用双秆整枝；结果期每隔1～2次清水追一次肥。温室内气温原则上不低于15℃，温度不能保证时，要及时加盖草苫、纸被，在前坡底部和后坡覆草，必要时须临时补温。要定期清洁棚膜，适时揭盖草苫，尽量创造有利于茄子开花结果的光温条件。适时通风排湿，白天温度不超过30℃。定期用药，搞好防病工作。

3 棚室冬春茄子

（1）缓苗期的管理：要尽量创造高温高湿条件，有利于提高地温，促进发根。定植后5～7天要密封温室和小拱棚，不通风。心叶开始变绿、生长即已缓苗，此时通风降温，并在行间中耕，中耕要由深到浅、由近到远，避免伤根，反复进行。

（2）缓苗后至采收前的管理：此期正值早春，气温低，管理上以提高温度为主。夜间一般不要低于15℃，白天也不要超过35℃。不能只顾保温而忽视了通风排湿，高温高湿易引起植株徒长，对结果不利。前期适当控制浇水，到门茄"瞪眼"时开始追肥浇水，一般亩施复合肥15～20千克。开花前后2天用防落素蘸花一次。冬春茬茄子一般采取双秆整枝，用绳吊枝。及时清理下部老、黄叶片，以改善株行间通透条件，减少养分消耗，加速结果，促使早熟。

（3）结果期的管理：门茄生长时期，掌握白天25～30℃，前半夜16～17℃，后半夜13～10℃，当平均地温20℃时，25～30天可采收。

日最低气温稳定通过15℃以后，可将棚膜撤下来洗净收藏。

4 春茬大棚茄子 定植后5～7天内不通风，提高棚温，可以三膜覆盖保温增温。白天保持30～33℃，不超过35℃，以利提高地温，夜间加强防寒保温，促进发根缓苗，但超过35℃应放风降温。缓苗后开始通风，白天保持25～30℃，不超过33℃，夜间保持在15℃以上，尽量不低于13℃，以利开花坐果和果实发育。放风时应掌握先顺风放风，由小到大的原则，不断变换放风口，使棚内植株生长一致。5月以后，当外界气温稳定在15℃以上时，要昼夜放风，防止高温障碍，掌握白天不超过30～33℃，夜间不高于18～20℃。5月中下旬，外界气温显著升高，可撤膜呈露地栽培，有利于果实着色。大棚也可不撤膜，但薄膜要四周高卷形成天棚。多层覆盖定植的，在温度条件可以保证的情况下，要及时撤去小拱棚、草苫等防寒物，以利争取光照。

5 秋延后大棚茄子 为了让植株一直适应大棚环境，近几年来，秋延后茄子一般都带棚膜定植，定植时大棚两侧的膜卷起来。定植后因气温高，为了缓苗降温，要浇缓苗水。缓苗后进行蹲苗，要少浇水，多松土、培土。因此时温度高，若土壤水分过大，极易引起徒长。少浇水，及时松土，可控制徒长。最好采用地膜覆盖保湿。

带棚膜定植的大棚，9月中旬以前，要将大棚两侧的膜撩起，无雨时开通风口通风，以降温、散湿。高温天气的中午可用遮阳网遮阳降温。9月中旬以后，随着外界气温的下降，要逐渐把大棚的两侧膜放下，白天开口通风，夜间盖严。10月上旬以后，当夜间温度降至15℃以下时，可在棚内覆盖小拱棚；再冷时，在小拱棚与大棚之间盖一层薄膜，即三层覆盖，可适当延长采收期。

（二）光照管理

茄子对光照强度的要求不太高，光补偿点也相对较低。但在日光温室里，特别是严冬时节，光照条件很难满足茄子正常生长的需要。在这种情况下，茎叶徒长、花器异常，果实畸形或着色不良等现象会屡见不鲜。因此，在光照调节上，首先，选用采光性能好的温室，使用透光性能好的紫光膜（醋酸乙烯转光膜）、聚乙烯白色无滴膜，并在后墙张挂反光幕来增强光照。其次，应在温度条件允许的情况下，要早揭晚盖草苫，特别要注意对散射光的利用，即使最寒冷的时节，阴天时也要适当揭苫见光。同时，及时擦洗、清洁膜和张挂的反光幕，冬天每半月擦洗1次。此外，株行距的确定必须与这种弱光条件相适应，不能盲目缩小行距，增加密度。

（三）肥水管理

1 越冬茬茄子 定植水过后5～7天，秧苗心叶开始生长时，视天气、土壤墒情和茄苗生长状况浇缓苗水，开始蹲苗，直到门茄鸡蛋大小前控制浇水、追肥。当门茄长至"瞪眼"时，开始追肥、浇水，采用膜下暗灌或滴灌，亩施水溶肥10千克（氮钾比1:1）。生育前期和越冬时期水量不宜多，而且越冬时往往放风很少，地面覆盖能减少地面水分的蒸发，尽量使空气湿度不超过80%。1月份是最寒冷季节，尽量不浇水。进入2月，看秧苗看天气浇水，不要等到叶子出现轻度萎蔫时再浇水。3月中旬地温到18℃时浇1次大水，3月下旬以后每5～6天浇1次水，每隔15天追肥1次，亩施水溶肥10千克（氮钾比1:1。灌水半小时后放风，尽量排湿防病，在保证温度需要时，尽量加大放风量。盛果期叶面喷施 90% 益施帮生物活性叶面激活素 800 倍液，或爱多收等叶面肥，补充营养，一般 7 ～ 10 天 1 次。

▣ **冬春茬茄子**　门茄膨大时不能缺水，为防止温室湿度过大，可隔沟浇水，停 2 ～ 3 天中耕松土后再浇另一个沟。对茄膨大时，再次浇水，随水冲入水溶肥 10 ～ 15 千克。门茄收完后，进入了盛果期，外界气温已高，防止高温、高温加高湿的危害，同时要加强水肥管理。一般地表要见湿见干，一次清水一次肥水。此期可喷 50% 绿宝 +0.5% 磷酸二氢钾 +0.1% 膨果素的混合液作根外追肥，7 ～ 10 天 1 次。

当日平均气温稳定通过 15℃ 以后，温室可昼夜通风，可结合浇水多次冲入粪稀，每亩每次 1 000 ～ 1 500 千克。这时的大水大肥和追用粪稀对加速产量的形成，防植株早衰，延长结果期大有好处。

▣ **春茬大棚茄子**　定植后加强中耕松土，提高地温，促进发根缓苗。缓苗后浇缓苗水。水后中耕培土蹲苗，防止徒长。门茄"瞪眼"期结束蹲苗浇催果水，进入开花结果前期，营养生长与生殖生长同时并进，要加强肥水管理。结合浇水追施"催果肥"，一般亩施三元水溶肥 20 ～ 25 千克，促进门茄迅速膨大。底肥充足的，这次肥也可不追施。门茄应及时采收，一般单果重 0.5 千克左右即可采收。以后每隔 5 ～ 7 天浇一水，保持土壤湿润。水后加强通风排湿，减少棚内结露。追肥在门茄、对茄、四门斗茄坐果时分别进行，共 3 ～ 4 次，以高氮肥为主。一般每亩次氮钾比 2：1 的水溶肥 10 ～ 15 千克，在对茄和四门斗茄膨大期间可叶面喷洒 90% 益施帮 50 毫升对水 16 升或其他叶面肥，促进果实膨大。

▣ **秋延后大棚茄子**　缓苗后进行蹲苗，要少浇水，多松土、培土。因此时温度高，若土壤水分过大，极易引起徒长。少浇水，及时松土，可控制徒长。最好采用地膜覆盖保湿。

开花时用防落素蘸花。门茄膨大后可随水冲施尿素每亩 10 ～ 15 千克，对茄膨大时再追肥一次。

（四）整枝打杈

茄子的分枝结果比较规律，原则上按对茄、四门斗的分枝规律留枝。门茄以下的侧枝全部摘除，留门茄、对茄、四门斗、八面风茄子，但在四门斗生长过程中，要视植株结果情况剪去徒长枝和过长枝条，不留空枝，集中营养以保持连续结果性。

越冬茬茄子	一般双干整枝，门茄采收后，将下部老叶摘除，待对茄形成后剪去上部两个向外的侧枝，形成双干枝。开春后像黄瓜一样，要栓绳，吊蔓，使植株茎叶在温室空间均匀摆布，保证植株的旺盛生长。嫁接茄子生长势强，要及时去掉接口下砧木孳生出的侧枝。一般株高可长到 1.7 ～ 2 米，每株可结茄子 9 ～ 15 个。
冬春茬茄子	冬春茬茄子一般采取双秆整枝，用绳吊枝。及时清理下部老、黄叶片，以改善株行间通透条件，减少养分消耗，加速结果，促使早熟。
春茬大棚茄子	茄子高密度栽植是早熟高效益的关键性措施，但应采用相应的整枝方式，双秆整枝，一般只留 5 个左右。及时摘除顶部的生长点，在整个生育过程中，打掉第 1 侧枝以下的叶片和分枝，以集中养分供应果实生长，促进早熟。分枝不宜过多，否则造成枝叶郁闭，易发生徒长、落花落果、着色不良、病害严重等现象。
秋延后大棚茄子	密植栽培的（每亩 2 200 株左右）可在对茄瞪眼后，其上留 2 ～ 4 片叶打顶，每株只接 3 个茄子，果实个大、均匀。一般密度栽植的应双秆整枝。搭架可防倒伏。

（五）保花保果

茄子落花原因很多，除形成花的素质差、短花柱多外，营养不良，连阴天或持续低温、高温、病虫为害均可造成落花。防止落花最根本的措施应从培育壮苗、加强管理、保护根系、改善通透条件和预防病虫等方面做起。棚室茄子生产中为保证产量，多采用熊蜂辅助授粉和外源激素授粉方法进行保花保果。

1 熊蜂授粉　棚室温度低于 15℃或高于 30℃时易引起落花落果，设施栽培中使用熊蜂授粉技术在一定程度上解决了这一问题。熊蜂授粉的优点是果实整齐一致，无畸形果，品质优；人们不受激素的困扰；省工省力，简单易掌握。一般 500 ～ 667 平方米的棚室，一棚放一群蜂，给予一定的水分和营养，将蜂箱置于棚室中部距地面 1 米左右的地方即可。蜂群寿命不等，一般 40～50 天，短季节如春季或秋季栽培一箱可用到授粉结束。利用熊蜂授粉，坐果率可达 95% 以上。

❷ 药剂喷花法　药剂保花保果的方法主要是依靠使用外源激素，也就是生产中常用的 2, 4-D、防落素、番茄灵等，用其进行蘸花或喷花。重点是防止低温弱光引起的落花。使用激素的适宜期是在茄子花含苞待放到刚刚开放时，过早或晚效果都不太好，一般在 8～10 时，用毛笔或羊毛脂球将药剂涂抹花柄有节（离层）处，或将花放到药水中浸泡一下，药液中加入 3 克嘧霉环胺，或 2 克咯菌腈，并加红色做标记，禁止重复使用。生产中农药企业常有配好的成品沾花药剂供茄农保花保果使用，例如，果霉宁 2 号、丰产素 2 号、防落素、2, 4-D 等。通常使用激素后，往往造成花冠不易脱落，这样一来不仅影响果实表面的着色，而且容易形成灰霉病的侵染源。所以，在果实膨大后还需注意将花冠轻轻摘掉。

茄子沾花加防灰霉用药复配参考配方

用于药剂辅助保花保果的药品有果霉宁 2 号 1 毫升药液对水 1 200 毫升，丰产素 2 号 20 毫克原液对水 900 毫升，2, 4-D 10～20 毫克原液对水 1 升、番茄灵 20～30 毫克原液对水 1 升、防落素等 20～50 毫克原液对水 1 升。同时对配好的沾花药液每 1 500～2 000 毫升加上 10 毫升 2.5% 咯菌腈悬浮剂（红色的）或 3 克 50% 嘧霉环胺水分散粒剂，或 4 克啶酰菌胺来进行早期预防灰霉病的发生。

使用 2, 4-D 和防落素处理后，果实发育比较快，对肥水需求量增加，应适当加强肥水管理，效果才能好。对于发棵不好的植株，若坐果过早，可能要累住秧子，对以后生长不利，应考虑推迟使用生长调节剂。

药剂辅助保花技术，虽可保证产量，但也带来诸多问题，例如，浓度使用不当，造成畸形花果，直接影响品质，价格降低；另外植物激素对人体是否有害一直是人们争论的焦点。

使用保花保果的注意事项

浓度与标记：无论用哪种激素，也无论用哪种方法，一定按照产品说明书严格要求的浓度操作。浓度小，影响效果；浓度大，易造成畸形果，直接影响品质和效益。药液中加入红色或墨汁作标记，避免重复蘸、涂或喷花。生产中，常用含有红色颜料的咯菌晴种子包衣剂配置在蘸花药剂中，其红色起标记作用，杀菌的药性预防茄子灰霉病的发生，收到良好的效果。建议茄农选择使用这种一举两得的安全措施。

避开高温时间：避免中午高温时操作，一般选在 10：00 前和 15：00 后再操作。

防止药液碰到茎叶或生长点：如果药液溅到茎叶或生长点，将导致茎叶皱缩、僵硬，影响光合作用，严重时，生长受阻，产量下降。如果药液溅到茎叶上，及时尽快喷施 3.4% 碧护可湿性粉剂 5 000 倍液，或 90% 益施帮 800 倍液进行药害解除。

（六）二氧化碳施肥

二氧化碳施肥是蔬菜保护地栽培中增产极为显著的一项新技术。一般可增产 30% 左右。同时还能提高蔬菜产品中干物质、糖、维生素 C 等营养物质的含量，降低纤维素含量，提高品质。二氧化碳施肥以开花结果前期进行，效果最为显著，因每天大约日出后 1.5 小时，温棚内二氧化碳浓度开始低于外界大气二氧化碳浓度，故宜在揭苫或太阳出来后 1.5 小时进行二氧化碳施肥。

二氧化碳施肥以不挥发性酸和碳酸盐反应法较为经济，其中以碳铵—硫酸法取材容易，成本低，易掌握，菜农容易接受。

七 采收

一般开花后 20 ～ 25 天就可采收，采收的标准是看茄子萼片与果实相连处白色或淡绿色环状带，当环状带已趋于不明显或正在消失，则表示果实已停止生长，即可采收。采收方法是在露水干后，用剪子剪断果柄，轻放筐内，防止擦伤。采收后，如需暂时存放，注意防止果实冷害，最好覆盖保温物。

八 棚室茄子发生的主要病害与救治

（一）苗期猝倒病

1 症状 猝倒病是黄瓜苗期时的重要病害。多发生在早春育苗床（盘）上，常见症状有烂种、死苗、猝倒三种。烂种是播种后在其未萌发或刚发芽时就遭受病菌侵染，造成腐烂死亡；幼苗感病后幼苗在出土表层茎基部呈水浸状软腐倒伏，即猝倒。湿度大时，幼苗初感病是秧苗根部呈暗绿色，感病部位逐渐缢缩，病苗折倒坏死。染病后期茎基部变成黄褐色干枯成线状。在病苗或床面上密生白色棉絮状菌丝。

2 发病原因 病菌主要以卵孢子在土壤表层越冬。条件适宜时产生孢子囊释放出游动孢子侵染幼苗。通过雨水、浇水和病土传播，带菌肥料也可传病。低温高湿条件下容易发病，土温 10 ～ 13℃，气温 15 ～ 16℃病害易流行发生。播种或移栽或苗期浇大水，又遇连阴天低温环境发病重。

3 生态防治

◎ 选用抗病品种。例如茄杂 2 号、黑茄王、农大 601、农大 604 等。

◎ 采用无土育苗法。

◎ 加强苗床管理，保持苗床干燥，适时放风，避免低温高湿条件出现，不要在阴雨天浇水，浇水应选择晴天的上午。

◎ 苗期喷施叶面肥，提高抗病力。

◎ 清园切断越冬病残体组织，用异地大田土和腐熟的有机肥配制育苗营养土。严格施入化肥用量，避免烧苗。

◎ 合理分苗，密植、控制湿度、浇水是关键。

◎ 降低棚室湿度。

4 药剂防治

◎ 苗床土注意消毒及药剂处理。

药剂处理土壤的配方是：取大田土与腐熟的有机肥按 6∶4 混均，并按 1 立方米苗床土加入 100 克 68% 精甲霜灵锰锌水分散粒剂和 2.5% 咯菌腈 100 毫升拌土一起过筛混匀。用这样的土装入营养钵或做苗床土表土铺在育苗畦上，并用 600 倍液的 68% 精甲霜灵锰锌水分散粒剂药液封闭覆盖播种后的土壤表面。

◎ 种子包衣防治：种子药剂包衣可选 6.25% 咯菌腈·精甲霜灵悬浮剂 10 毫升，对水 150～200 毫升包衣 3 千克种子，可有效预防苗期猝倒病和其他如立枯、炭疽病等苗期病害（注意包衣加水的量以完全包上药剂为目的，适宜为好。）

◎ 药剂淋灌：救治可选择 68% 精甲霜灵·锰锌水分散粒剂 500～600 倍液（折合 100 克药对水 45～60 升），或 72.2% 霜霉威水剂 1 000 倍液等对秧苗进行淋灌或喷淋。

（二）灰霉病

1 症状 灰霉病主要为害幼果和叶片。染病叶片呈典型"V"字形病斑。病菌从雌花的花瓣侵入，使花瓣腐烂，从茄蒂顶端或从残留在茄果面上的花瓣腐烂开始发病，茄蒂感病向内扩展，致使感病瓜果呈灰白色，软腐，长出大量灰绿色霉菌层。

2 发病原因 灰霉病菌以菌核或菌丝体、分生孢子在病残体上越冬。病原菌属于弱寄生菌，从伤口、衰老的器官和花器侵入。柱头是容易感病的部位，致使果实感病软腐。花期是灰霉病侵染高峰期。病菌借气流传播和农事操作传带进行再侵染。适宜发病气温为 18～23℃，湿度 90% 以上低温高湿、弱光有利于发病。大水漫灌又遇连阴天是诱发灰霉病的最主要因素。密度过大，放风不及时，氮肥过量造成碱性土壤缺钙，生长衰弱均有利于灰霉病的发生和扩散。

3 生态防治

◎ 保护地棚室要高畦覆地膜栽培，地膜暗灌渗浇小水。有条件的可以考虑采用滴灌，节水控湿。加强通风透光，尤其是阴天除要注意保温外，应严格控制灌水。早春将上午放风改为清晨短时放湿气，清晨尽可能早的放风，进行湿度置换，降湿提温有利于茄子生长。

◎ 及时清理病残体，摘除病果、病叶和侧枝，清除集中烧毁和深埋。合理密植，高垄栽培，控制湿度是关键。

◎ 氮、磷、钾均衡施用。育苗时苗床土注意消毒及药剂处理。棚室茄子栽培花期授粉可以采用熊蜂授粉，避免药剂蘸花授粉产生药害畸形果。

4 药剂防治

因茄子灰霉病是花期侵染，茄子蘸花时一定带药蘸花。将配好的蘸花药液中加入 3 克的 50% 嘧霉环胺粒剂或嘧霉胺等进行蘸花或涂抹，使套器均匀着药。

> 建议采用茄子病虫害保健性防控整体解决方案。

生产中菜农也有用 2 000 毫升沾花药液配以 10 毫升咯菌腈悬浮剂用于花期蘸花预防灰霉病的良好经验。也可单一用果霉宁、丰产素 2 号等每袋药对水 1.5 升充分搅拌后直接喷花或浸花。果实膨大期要进行重点喷雾防治。最好采用茄子一生病害防治大处方进行整体预防。药剂可选用 25% 嘧菌酯悬浮剂 1 500 倍液或百菌清 600 倍液喷施预防，或选用 60% 咯菌腈·嘧霉环胺水分散粒剂 1 200 倍液，或 50% 农利灵干悬浮剂 1 000 倍液，或 40% 嘧霉胺 1 200 倍液，或 50% 啶酰菌胺可湿性粉剂 1 000 倍液，或 50% 乙霉威·多菌灵可湿性粉剂 800 倍液喷雾。

（三）绵疫病

1 症状　茄子绵疫病又称疫病。又叫"掉蛋"、"烂茄子"是为害茄子的三大病害之一。严重影响产量和收益，损失率可达 20%～60%。主要为害果实、叶、茎、花器等部位。即将成熟的茄子，造成烂茄。近地面果实先发病，受害果初现水浸状圆斑，稍有凹陷，以后很快扩大呈片状，直至整个果实受害，病部黄褐色，果肉变黑褐色腐烂，湿度大时受害果易脱落，果面长出茂密的白色绵絮状菌丝，腐烂，有臭味。茎部受害初呈水浸状缢缩，后来变暗绿色或紫褐色，病部缢缩，上部枝叶萎垂，潮湿时病部生有稀疏的白霉。叶片受害呈不规则或近圆形水浸状大病斑，病斑褐色至红褐色，有较明显的轮纹，扩展很快，湿度大时病斑边缘不清，生有稀疏白霉。

2 发病原因　茄子绵疫病病菌以菌丝体、卵孢子及厚垣孢子随病残体在土壤或粪肥中越冬。借助风、雨、灌溉水、气流传播蔓延。发病适宜温度 28～30℃，棚室湿度大，大水漫灌以及漏雨棚室和地表施用未腐熟的厩肥发病严重。

3 生态防治

◎ 选用抗病性较强的茄子品种，一般是圆茄品种比长茄品种抗病性强，紫茄品种比绿茄品种抗病性强，例如茄杂 2 号、农大 601、农大 604、茄杂八号、黑茄王、超九叶茄、成都墨茄等。

◎ 实行 3 ～ 5 年轮作。选择高低适中、排水方便的肥沃地块，秋冬深翻，施足优质腐熟的有机肥，增施磷、钾肥。

◎ 采用高畦栽培，避免积水或高畦地膜覆盖，大小行栽培，有条件的地方建议使用膜下暗灌，滴灌，棚室湿度不宜过大，发现中心病株及时拔出深埋。把握好移栽定植后的棚室温湿度，注意通风，不能长时间的闷棚。

◎ 清洁田园，将病果、病叶、病株收集起来深埋或烧掉。

◎ 及时整枝、打掉小部老叶，防止大水漫灌，注意通风透光，降低湿度。

◎ 夏天暴雨过后，要用井水浇一次，并及时排走，降低地温，防止潮热气体熏蒸果实，造成烂果。这就是人们常说的"涝浇园"。

4 药剂防治

预防可以统筹考虑采用茄子一生病害防治大处方。也可以选用 25% 双炔酰菌胺悬浮剂 1 000 倍液，或 75% 百菌清

> 建议采用茄子病虫害保健性防控整体解决方案。

可湿性粉剂 600 倍液，或 25% 嘧菌酯悬浮剂 1 500 倍液，或 80% 代森锰锌可湿性粉剂 500 倍液。治疗防治药剂可用 68% 精甲霜灵锰锌水分散粒剂 600 倍液，或 25% 双炔酰菌胺悬浮剂 800 倍液 +25% 嘧菌酯悬浮剂 1 500 液倍液，或 69% 烯酰吗啉可湿性粉剂 600 倍液，或 72.2% 霜霉威水剂 800 倍液，或霜脲锰锌 800 倍液，或 62.5% 氟吡菌胺·霜霉威悬浮剂 800 倍液喷施。茎基部感病可用 68% 精甲霜灵锰锌 500 倍液喷淋或涂抹病部，尤其是感病植株茎秆以涂抹病部效果更好。

（四）褐纹病

1 症状 茄子褐纹病主要侵染子叶、茎、叶片和果实，苗期到成株期均可发病。幼苗受害时，茎基部出现近乎缩颈状的水浸状病斑，而后变黑凹陷，致使幼苗折倒。生产中常把苗期此病称为立枯病。茄子褐纹病以果实上病斑最易识别，起初病果初呈圆形或椭圆形稍有凹陷病斑，病斑不断扩大，排列成轮纹状，可达整个果实，重症感染褐纹病的

长茄，后期病部逐渐由浅褐变为黑褐色大块病斑。发病后期，病斑下陷，斑缘凸出清晰可见病斑凹陷和生出麻点状黑色轮纹菌核。病果后期落地软腐，或留在枝干上，呈干腐僵果。成株叶片受害呈水浸状小圆斑，扩大后病斑边缘变褐色或黑褐色，病斑中央灰白色，有许多小黑点，呈同心轮纹状，病斑易破碎穿孔。茎部受害，形成梭形病斑，边缘深紫褐色，最后凹陷干腐，皮层脱落，易折断，有时病斑环绕茎部，使上部枯死。

2 发病原因　茄子褐纹病病菌以菌丝体或拟菌核随病残体，或种子越冬。借雨水传播。发病适宜温度为 24℃，湿度越大发病越重。棚室温度低，叶面结水珠或茄子叶片吐水、结露的生长环境病害发生重，易流行。北方春末夏初棚室栽培或露地、秋季后栽培的茄子发病重。温暖潮湿，大水漫灌，湿度大，肥力不足，植株生长衰弱发病严重。一般春季保护地种植后期发病几率高，流行速度快。管理粗放也是病害流行损失是不可避免的，应引起高度重视，提早预防。

3 生态防治

◎ 选用抗病品种。使用抗病品种是既抗病又节约生产成本的首选救治办法。抗病性较强的品种，如茄杂系列、农大 601、604 系列、黑茄王及引进品种瑞马、安德列、布里塔、郎高等。

◎ 轮作倒茬，苗床土消毒减少侵染源。

◎ 实行 2～3 年以上轮作。

◎ 培育壮苗，加强田间管理。开沟施肥，增施有机肥、磷钾肥，促茄子早长、早发，及时锄划、整枝打杈，把茄子的采收盛期提前到病害流行季节之前，可有效防治此病。

◎ 结果期防止大水漫灌，增加田间通风量。

◎ 加强棚室管理，通风放湿气。避免叶片结露和吐水珠。地膜覆盖或滴灌降低湿度减少发病机会。晴天进行农事操作，避免阴天整枝绑蔓、采收等易人为传染病害的机会。

4 药剂防治

采取 25% 嘧菌酯悬浮剂 1 500 倍液灌根早期系统预防会有非常好的效果。也可选用 75% 百菌清可湿性粉剂 600 倍

建议采用茄子病虫害保健性防控整体解决方案。因病害有潜伏期，发病后防不胜防。

液，或 56.% 百菌清·嘧菌酯悬浮剂 800 倍液或 10% 苯醚甲环唑水分散粒剂 1 500 倍液，或 32.5% 苯醚甲环唑·嘧菌酯悬浮剂 1 000 倍液，或 32.5% 吡唑奈菌胺·嘧菌酯悬浮剂 1 500 倍液，或 42.8% 氟吡菌酰胺·肟菌脂悬浮剂 1 500 倍液，或 42.4% 氟唑菌酰胺·吡唑醚菌酯悬浮剂 1 500 倍液，或 80% 代森锰锌可湿性粉剂 500 倍液，或 50% 丙森锌可湿性粉剂 600 倍液。治疗防治药剂可用 10% 苯醚甲环唑水分散粒剂 1 500 倍液，或 32.5% 吡唑奈菌胺·嘧菌酯悬浮剂 1 000 倍液，或 42.8% 氟吡菌酰胺·肟菌脂悬浮剂 1 000 倍液喷雾。

◎ 种子消毒。用升汞水 1 000 倍液浸种 10 分钟，洗净后催芽。或种子包衣防病：即选用 2.5% 咯菌腈悬浮种衣剂 10 毫升加 35% 金阿普隆乳化种衣剂 2 毫升，对水 150 ~ 200 毫升可包衣 4 千克种子进行灭菌消毒。或对种子进行温汤浸种，55 ~ 60℃恒温浸种 15 分钟，或 75% 百菌清可湿性粉剂 500 倍液浸种 30 分钟后冲洗干净催芽。均有良好的杀菌效果。

◎ 苗床消毒。播种时 1 平方米苗床用 10% 苯醚甲环唑水分散粒剂 20 克混 10 千克床土，或 50% 多菌灵可湿性粉剂 40 克拌 10 千克床土配成药土，下铺上盖播种，有较好的防效。

（五）白粉病

▣ 症状　茄子全生育期均可以感病，主要感染叶片。发病重时感染枝干、茎蔓。发病初期主要在叶面或叶背产生白色圆形有霉状物的斑点，从下部叶片开始染病，逐渐向上发展。严重感染后叶面会有一层白色霉层，发病后期感病部位白色霉层呈灰褐色，叶片发黄坏死。

▣ 发病原因　病菌以闭囊壳随病残体在土壤中越冬。越冬栽培的棚室可在棚室内作物上越冬。借气流、雨水和浇水传播。温暖潮湿、干燥无常的种植环境，阴雨天气及密植、窝风环境易发病和流行。大水漫灌，湿度大，肥力不足，植株生长后期衰弱发病严重。

▣ 生态防治

◎ 合理密植，引用抗白粉的优良品种，一般常种的品种有农大 604、茄杂 4 号、农大 601、快星等系列及引进品种安德列等。

◎ 适当增施生物菌肥及磷、钾肥，加强田间管理，降低湿度，增强通风透光，收获后及时清除病残体，并进行土壤消毒。

4 药剂防治

采用 25% 嘧菌酯悬浮剂 1 500 倍液
灌根预防会有非常好的效果，或 32.5%
吡唑奈菌胺·嘧菌酯悬浮剂 1 500 倍液，
或 42.8% 氟吡菌酰胺·肟菌脂悬浮剂
1 500 倍液，或 80% 代森锰锌可湿性粉

> 建议采用茄子病虫害
> 保健性防控整体解决方案。
> 因其突发性强，一旦发病
> 防不胜防。

剂 500 倍液，或 50% 丙森锌可湿性粉剂 600 倍液。也可选用 75% 百菌
清可湿性粉剂 600 倍液，或 10% 苯醚甲环唑水分散粒剂 2 500 ～ 3 000
倍液，或 56.% 百菌清·嘧菌酯悬浮剂 1 000 倍液或 32.5% 苯醚甲环唑·
嘧菌酯悬浮剂 1 200 倍液或 80% 大生可湿性粉剂 600 倍液，或 70% 品润
干悬浮剂 600 倍液，或 43% 好力克悬浮剂 6 000 倍液等喷雾。生长后期可以
选用苯醚甲环唑·丙环唑 30% 乳油 3 000 倍液喷雾，或 42.4% 氟唑菌酰胺·
吡唑醚菌酯悬浮剂 1 500 倍液喷施。棚室拉秧后及时用硫黄熏蒸消毒。

（六）细菌性叶斑病

1 症状　茄子叶斑病是细菌性病害。主要为害叶片、叶柄和幼瓜。
茄子整个生长时期均可能受害，零星发病。感病叶片呈水浸状浅褐色凹
陷斑。叶片感病初期叶背为浅灰色水浸状斑，渐渐变成浅褐色坏死病
斑，病斑不受叶脉限制呈不规则状，茄子感染后病斑逐渐变灰褐色，棚
室温湿度大时，叶背面会有白色菌脓溢出，干燥后病斑部位脆裂穿孔。
这是区别于疫病的主要特征。

2 发病原因　茄子细菌性叶斑病病菌属于细菌为害，可在种子内、
外和病残体上越冬。病菌主要从叶片或茄果的伤口、叶片气孔侵入，借
助飞溅水滴、棚膜水滴下落或结露、叶片吐水、农事操作、雨水、气流
传播蔓延。适宜发病温度为 24 ～ 28℃，相对湿度 70% 以上可促使细
菌性病害流行。昼夜温差大、露水多，以及阴雨天气整枝绑蔓时损伤叶
片、枝干、幼嫩的果实伤口均是病害大发生的重要因素。

3 生态防治

◎ 选用耐病品种。引用抗寒性强、耐弱光、耐寒的杂交茄品种，引
进品种需严格进行种子消毒灭菌。

◎ 农业措施。清除病株和病残体并烧毁，病穴撒石灰消毒。采用

高垄栽培，严格控制阴天带露水或潮湿条件下的整枝绑蔓等农事操作。

◎ 种子消毒：可用温汤浸种，将种子投入 55℃（2 份开水 +1 份凉水）的温水中，搅拌至水温 30℃，静置浸种 16 ～ 24 小时。或 70℃ 10 分钟干热灭菌。

4 药剂防治

◎ 药剂浸种：福尔马林浸种，预浸 5 ～ 6 小时，再用 40% 的福尔马林液 100 倍液浸 20 分钟，取出密闭 2 ～ 3 小时，清水冲净，防细菌性病害。

◎ 升汞水浸种：预浸 8 ～ 12 小时，再用 1 000 倍液升汞水浸 10 分钟，清水冲净。

◎ 多菌灵浸种：预浸 1 小时，再用 50% 的多菌灵 500 倍液浸 7 ～ 9 小时，清水冲净。防黄、枯萎病，或用萎菌净 100 倍液拌种，能杀死附着在种子表面的病菌。

◎ 预防细菌性病害初期可选用"阿加组合"即阿米西达 + 春雷王铜混合喷施或淋灌。也可单一防治采用 47% 春雷王铜可湿性粉剂 800 倍液或 77% 可杀得可湿性粉剂 500 倍液或细菌灵可湿粉 400 倍液，或 27.12% 铜高尚悬浮剂 800 倍液喷施或灌根。用每亩硫酸铜 3 ～ 4 千克撒施浇水处理土壤可以预防细菌性病害。

（七）黄萎病

1 症状 茄子黄萎病发病一般在开花、门茄初期，苗期较少发病。一般先在中下部叶片开始发病，发病初期植株下部叶片中午萎蔫，早晨和晚上能恢复，反复几天之后不再复原。感病植株初期发病先表现为下部或一侧部分叶片、侧蔓中午呈萎蔫状，看似因蒸腾脱水，晚上恢复原状态，故俗称"半边疯"，切开根、主茎、侧枝和叶柄，可见到维管束变黄褐色或棕褐色。而后萎蔫部位或叶片不断扩大增多，逐步遍及全株致使整株萎蔫枯死。湿度大时感病茎秆表面生有灰白色霉状物。

2 发病原因 黄萎病菌系大丽轮枝菌，通过导管维管束从病茎向果实、种子形成系统性侵染。从苗期到生长发育期均可染病。以休眠菌丝体、厚垣孢子和菌核随病残体在土壤中越冬。可在土壤中存活 6 ～ 8 年。从伤口、根系的根毛细胞间侵入，进入维管束并在维管束中发育繁殖，并扩展到枝叶，病菌在维管束中繁殖堵塞导管致使植株逐渐萎蔫，枯死。发病适宜温度为 19 ～ 24℃，地势低洼、浇水不当、重茬、连作、施用不腐熟肥料的地块发病重。

3 生态防治

◎ 选择抗病品种：如农大 604、茄杂 2 号、茄杂 9 号。引进品种郎高、瑞马、安德列均有较好的抗黄、枯萎病效果。

◎ 采用营养钵育苗，营养土消毒，苗床或大棚土壤处理，取大田土与腐熟的有机肥按 6：4 混均，并按 100 千克苗床土中加入 30 亿个枯草芽孢杆菌 100 克和 2.5% 咯菌腈 20 毫升拌土一起过筛混均。用配好的苗床土装营养钵或铺在育苗畦上，可以减轻土壤中黄萎病菌的危害。

◎ 加强田间管理，适当增施生物菌肥和磷、钾肥。降低湿度，增强通风透光，收获后及时清除病残体，并进行土壤消毒。

◎ 嫁接防病：采用野生茄子作砧木与所选种的茄子品种做接穗嫁接进行换根处理是当前最有效的防治因重茬、土壤带菌严重造成的黄萎病防治方法。嫁接方式有许多种，生产中常用靠接、叉接、劈接等方式，茄子嫁接常用叉接法见前面育苗部分所描述的具体方法。也可以根据自己掌握的熟练技术程度选择适合自己的方法进行。

4 药剂防治

◎ 灌根：定植时可选用枯草芽孢杆菌可湿性粉剂 1 000 倍液药液每株 250 倍液药液穴灌，如果在门茄瞪眼期加强再

> 建议采用茄子病虫害保健性防控整体解决方案。

灌根一次萎菌净可湿性粉剂（枯草芽孢杆菌）效果会更好；即 800 倍液药液灌根。75% 百菌清可湿性粉剂 800 倍液，或 2.5% 咯菌腈悬浮剂 1 500 倍液，或 80% 代森锰锌可湿性粉剂 600 倍液，或甲基托布津可湿性粉剂 500 倍液，50% 多菌灵可湿性粉剂 500 倍液，每株 250 毫升，在生长发育期、开花结果初期、门茄瞪眼时连续灌根，早防早治效果会很明显。

◎ 种子包衣防病：即选用 6.25% 咯菌腈·精甲霜灵悬浮种衣剂 10 毫升对水 150 ～ 200 毫升可包衣 4 千克种子进行种子杀菌防病。

◎ 定植时生物农药处理。撒药土：药土比为 1：50 倍液的枯草芽孢杆菌（萎菌净）与细土混合好每穴每株 50 克穴施后定植可以有较好的防病效果。也可 1 000 倍液药液每穴 250 毫升灌窝，或 1 ～ 2 千克枯草芽孢

杆菌拌药土沟施用药效果相同。

(八)褐斑病

1 症状 褐斑病常发生在茄子生长中后期，主要为害叶片。染病初期叶片呈水浸状褐色小斑点，病斑颜色较鲜亮，逐渐扩展成不规则深褐色病斑，病斑中央呈灰褐色亮斑，并在周围伴有一条轮纹宽带，严重时病斑连片，导致叶片脱落。

2 发病原因 病菌以菌丝体或分生孢子器随病残体在土中越冬，借风雨传播，从伤口或气孔侵入，高温高湿条件下发病严重。春季设施茄子生长后期和雨季到来时节有利于病害流行。

3 生态防治

◎ 实行轮作倒茬。

◎ 地膜覆盖方式栽培可有效减少初侵染源。

◎ 适量浇水，雨后及时排水。

◎ 茄果后期打掉老叶，加强通风。

◎ 合理增施钾肥、锌肥，注意补镁补钙。

4 药剂防治

病害有潜伏期，发病后防治已经非常被动，防不胜防。采取 25% 嘧菌酯悬浮剂 1 500 倍液预防会有非常好的效果，

> 建议采用茄子病虫害保健性防控整体解决方案。

也可选用 75% 百菌清可湿性粉剂 600 倍液，或 56.% 百菌清·嘧菌酯悬浮剂 1 000 倍液，或 32.5% 苯醚甲环唑·嘧菌酯悬浮剂 1 200 倍液，或 32.5% 吡唑奈菌胺·嘧菌酯悬浮剂 1 500 倍液，或 42.8% 氟吡菌酰胺·肟菌脂悬浮剂 1 500 倍液等喷雾。

(九)菌核病

1 症状 菌核病在重茬地、老菜区发生比新菜区严重。整个生长期均可以发病。成株期发生较多，成株期各个部位均有感病现象。先从主干茎基部或侧根侵染，呈褐色水浸状凹陷，主干病茎表面易破裂，湿度大时，皮层霉烂，髓部形成黑褐色菌核，致使植株枯死。叶片染病呈水浸状大块病斑，偶有轮纹，易脱落，茄果受害端部或阳面先出现水

浸状斑后变褐腐，感病后期茄果病部凹陷，斑面长出白色菌丝体，后形成菌核。

2 发病原因 病菌主要以菌核在田间或棚室保护地中越冬。春天子囊孢子随伤口、叶孔侵入，也可由萌发的子囊孢子芽管穿过叶片表皮细胞间隙直接侵入，适宜发病温度为 16～20℃，早春低温高湿、秋季骤然降温、湿度大、连阴天、雾霾、多雾天气发病重。

3 生态防治

◎ 保护地栽培地膜覆盖，阻止病菌出土，降湿、保温净化生长环境。

◎ 清理病残体集中烧毁。

◎ 土壤表面药剂处理每 100 千克土加入咯菌腈 20 毫升，精甲霜灵锰锌 20 克拌均匀撒在育茄苗床上。

4 药剂防治

药剂可选用 25% 嘧菌酯悬浮剂 1 500 倍液灌根施药，或 75% 百菌清 600 倍液喷施预防，或选用 10% 苯醚甲环唑

> 建议采用茄子病虫害保健性防控整体解决方案。

水分散粒剂 800 倍液，或 56.% 百菌清·嘧菌酯悬浮剂 1 000 倍液，或 32.5% 苯醚甲环唑·嘧菌酯悬浮剂 1 200 倍液，或 50% 农利灵干悬浮剂 1 000 倍液，或 40% 施佳乐 1 200 倍液，或 50% 乙霉威·多菌灵可湿性粉剂 800 倍液，或 50% 啶酰菌胺可湿性粉剂 800 倍液，或 50% 嘧霉环胺水分散粒剂 1 200 倍液喷雾。

（十）线虫病

1 症状 线虫病菜农俗称"根上长土豆"或"根上长疙瘩"的病。主要为害植株根部或须根。根部受害后产生大小不等的瘤状根结，剖开根结感病部位会有很多细小的乳白色线虫埋藏其中。地上植株会因发病致使生长衰弱，中午时分有不同程度的萎蔫现象，并逐渐枯黄。

2 发病原因 线虫生存在 5～30 厘米的土层之中。以卵或幼虫随病残体遗留在土壤中越冬。借病土、病苗、灌溉水传播可在土中存活 1～3 年。线虫在条件适宜时由寄生在须根上的瘤状物，即虫瘿或越冬卵，孵化形成幼虫后在土壤中移动到根尖，由根冠上方侵入定居在生长

点内，其分泌物刺激导管细胞膨胀，形成巨型细胞或虫瘿，称根结。田间土壤的温湿度是影响卵孵化和繁殖的重要条件。一般喜温蔬菜生长发育的环境也适合线虫的生存和为害。随着北方深冬季种植茄子面积的扩大和种植时间的延长，越冬保护地栽培茄子给线虫越冬创造了很好的生存条件。连茬、重茬的种植棚室茄子，发病尤其严重。越冬栽培茄子的产区线虫病害发生普遍。

③ 生态防治

◎ 无虫土育苗：选大田土或没有病虫的土壤与不带病残体的腐熟有机肥 6∶4 比例混均 1 立方米营养土加入 100 毫升 1.8% 虫螨克星乳油，或 1.8% 阿维菌素 100 毫升乳油混均用于育苗，现代化育苗设施的营养土中，一定要营养土消毒灭虫。

◎ 石灰氮反应堆法灭菌杀虫。其学名叫氰氨化钙。其原理是氰氨化钙遇水分解后所生成的气体单氰胺和液体双氰胺对土壤中的真菌、细菌、线虫等有害生物有广谱性杀灭作用。氰氨化钙分解的中间产物单氰胺和双氰胺最终可进一步生成尿素，具有无残留、不污染的优点。

使用方法：前茬蔬菜拔秧前 5 ～ 7 天浇一遍水，拔秧后将未完全腐熟的农家肥或农作物碎秸秆均匀地撒在土壤表面，立即将 60 ～ 80 千克 / 亩的氰氨化钙均匀撒施在土壤表层，旋耕土壤 10 厘米使其混合均匀，再浇 1 次水，覆盖地膜，高温闷棚 7 ～ 15 天，然后揭去地膜，放风 7 ～ 10 天后可做垄定植。处理后的土壤栽培前注意增施磷钾和生物菌肥。

④ 药剂防治

◎ 处理土壤。定植前每亩沟施 10% 噻唑膦颗粒剂 1.5 ～ 2 千克，施后覆土、洒水封闭盖膜一周后松土定植，或 10% 施立清颗粒剂 2 ～ 3 千克 / 亩，沟施用药。

◎ 高温闷棚药剂处理法。茄子拉秧后的夏季，土壤深翻 40 ～ 50 厘米混入沟施生石灰每亩 200 千克、1.8% 阿维菌素 250 毫升、1 000 毫升辛硫磷混入棚室土中。可随即加入松化物质秸秆每亩 500 千克，旋耕、挖沟浇大水漫灌后覆盖棚膜高温闷棚，或铺施地膜盖严压实。15 天后可深翻地再次大水漫灌闷棚持续 20 ～ 30 天，有效降低线虫病的为害。处理后同样需要增施磷、钾和生物菌肥，以增加土壤有机活性。

九 茄子生理性病害

（一）沤根

■ 症状 主要在苗期发生，成株期也有发生。发病时根部不长新根，根皮呈褐锈色，水渍腐烂，地上部萎蔫易拔起。

2 主要原因 棚室温度低，湿度大，光照不足，造成根压小，吸水力差。

3 防治方法 苗期和棚温低时不要浇大水，最好采用膜下暗灌小水的方式浇水。选晴天上午浇水，保证浇后至少有两天晴天；加强炼苗，注意通风，只要气温适宜，连阴天也要放风，培育壮苗，促进根系生长；按时揭盖草苫，阴天也要及时揭盖，充分利用散射光。

（二）畸形果

■ 症状 果实缩小，僵硬，不发个。茄果个头正常但迸裂，露出茄籽。

2 主要原因 开花前后遇低温、高温和连阴雪天，光照不足，造成花粉发育不良，影响授粉和受精。另外，花芽分化期温度过低，肥料过多，浇水过量，使生长点营养过多，花芽营养过剩，细胞分裂过于旺盛，会造成多心皮的畸形果，即双身茄。果实生长过程中，过于干旱而突然浇水，造成果皮生长速度不及果肉快而引起裂果。

3 防治方法 加强温度调控，在花芽分化期和花期保持 25 ～ 30℃ 的适温，最高不能超过 35℃；加强肥水管理，及时浇水施肥，但不要施肥过量，浇水过大。施入生物钾肥 1 ～ 2 千克，改善根系生存环境。

（三）寒害

■ 症状 叶片大小正常但深绿，叶缘微外卷皱卷，叶色稍有褪绿，生长点呈簇状。叶片先从叶缘开始变成浅黄色，叶肉逐渐褪绿，呈黄化叶片。

2 发病原因 棚室温度低，茄子在寒冷的环境里耐受程度是有限的。温度低于15℃时植株停止生长，在遭遇寒冷，或长时间低温或霜冻时植株本身会产生因低温障碍产生叶片外翻典型寒害症状。生存在寒冷的环境里叶肉细胞会因冷害结冰受冻死亡，突然遭受零下温度会迅速冻死。

3 救治方法

◎ 选择耐寒、抗低温、弱光的优良品种。如布利塔、安德烈、黑宝、农大601等品种。

◎ 根据生育期确定地温保苗措施避开寒冷天气移栽定植。

◎ 苗期育苗注意保温，可采用加盖草毡，棚中棚加膜进行保温，抗寒。

◎ 突遇霜寒，应进行临时加温措施，烧煤炉，或铺施地热线、土炕、或放置"美喜平"气体30升，降低寒冷造成的对茄子的伤害。

◎ 定植后提倡全地膜覆盖，或多层保温覆盖，可有效的保温增温。降低棚室湿度，进行膜下渗浇，小水勤浇，切忌大水漫灌，有利于保温排湿。

◎ 有条件的可安装滴灌设施，即可保温降湿还有效的降低发病机会。做到合理均衡的施肥浇水，是无公害蔬菜生产的必然趋势。

◎ 喷施抗寒剂。可选用3.4%碧护可湿性粉剂7 500倍液（1克药/袋对水15升，或30升美喜平气体直接释放（拿着剪开口的气袋在棚内来回走动2～3圈，直至气体全部放出）或红糖50克对水15升加0.3%磷酸二氢钾喷施。

✚ 茄子病虫害保健性防控整体解决方案（整体防控大处方）

（一）春季茄子保健性防控方案

移栽棚室缓苗后开始（定植10～15天后）。

第一步：移栽时30亿个活芽孢/克枯草芽孢杆菌可湿性粉剂500倍液灌根，50毫升/株。

第二步：15 天后喷 75% 百菌清可湿性粉剂 500 倍液。

↓

第三步：10 天后灌根施药 25% 嘧菌酯悬浮剂 50 ～ 60 毫升 / 亩。

↓

第四步：40 天后喷 50% 嘧菌环胺水分散粒剂 1 200 倍。

↓

第四步：14 天后灌根：阿米西达 100 毫升 +10 亿个 / 克枯草芽孢杆菌可湿性粉剂 1 千克 / 亩灌根。

↓

第五步：14 天后灌根：阿米西达 100 毫升 +10 亿个 / 克枯草芽孢杆菌可湿性粉剂 1 千克 / 亩灌根。

茄子瞪眼期（门茄长到 1 ～ 4 厘米时）加强一次防灰霉病药剂喷施。

↓

第六步：30 天后喷施 32.5% 吡唑奈菌胺·嘧菌酯悬浮剂 1 500 倍液。

↓

第七步：15 天后喷 32.5 嘧菌酯·苯醚甲环唑悬浮剂 1 000 倍液。
以后可以不喷药。

（二）秋季茄子保健性防控方案

主要防控目标：防控茄子秋季易发生的茎基腐病、叶霉病、黄萎病、疫病、褐纹病、菌核病等病害、烟粉虱、蓟马、蚜虫和鳞翅目害虫。

第一步：穴盘药水浸盘：10 克锐胜 +10 毫升嘧菌酯对水 15 千 ← 定植前 1 ～ 2 天。
克淋盘药浸茄子苗。

第二步：撒药土。移栽时每亩随定植沟撒施 30 亿个枯草芽孢杆菌 / 克可湿性粉剂 1 000 克拌药土于沟畦中。

第三步：定植时喷淋 68% 精甲霜灵·锰锌 500 倍液对土壤表面进行药剂封闭处理，40 ～ 60 毫升对水 60 升，喷 ← 此步防控茄子茎基腐病和立枯病。
施穴坑或垄沟。

移栽棚室缓苗后开始喷药，定植 10 ～ 15 天后开始。

↓

第四步：定植 15 天后喷达科宁（75% 百菌清可湿性粉剂）+10 克 亩旺特 1 500 倍液 1 次。

此步主防保苗、预防各种真菌病害和烟粉虱。

第五步：上述喷药的 10 天后灌根 25% 阿米西达悬浮剂 1 次，每袋 10 毫升药对水 15 升，100 毫升 / 亩，主要是加强免疫性预防、壮秧，在盛果期保秧保果。

此时门茄开花期，此步主防褐纹病、褐斑病、叶霉病。

第六步：随着门茄瞪眼期灌根：30 亿个 / 克枯草芽孢杆菌可湿性粉剂 800 倍液灌根，100 毫升 / 株，主要是防控茄子黄萎病，加强壮秧，在盛果期壮秧保果（此步主防黄萎病）1 000 克 / 亩。

第七步：20 ～ 30 天后喷 32.5% 绿妃 1 500 倍液 + 24% 福奇悬浮悬浮剂 1 500 倍液门茄幼果期。

此步主防褐斑病和叶霉病，及后期鳞翅目害虫的幼虫。

第八步：灵活掌握防控使用嘧霉环胺 1 200 或卉友 3 000 倍液。

后期注意疫病和菌核病

第五篇

设施甜瓜栽培与病虫害绿色防控技术

一 甜瓜生物学特性

甜瓜根系较发达，主根入土深度可达 60 厘米左右，密集根群分布在 15 ～ 28 厘米的范围内，因而具有一定的耐旱能力。甜瓜根系生长较快，易于木栓化，故适宜护根育苗（营养钵育苗）和护根栽培。

甜瓜的茎中空，有刺毛，节间较短，侧芽容易萌发，分枝性较强。甜瓜虽主蔓各节都能发生子蔓，但其强健程度、结实早晚各不相同，生产上子蔓、孙蔓选留数量，摘心早晚，因品种、种植方式、密度、整枝方式及留瓜数而定。

叶近圆形或肾形，叶柄被端有次毛。叶的寿命及功能受本身营养状况的影响，水肥条件好、日照充足、营养面积合理，叶的寿命长；反之易早衰。

花冠黄色，雄花丛生，雌花多为单生，雌雄同株，雌花子房下位。雄花在主蔓上第二至五节开始发生，大多数品种主蔓上雌花发生较晚，而侧蔓 1 ～ 2 节就着生雌花。在栽培学上可以摘心以促进侧蔓的形成，提早结果。开花、授粉受环境条件的影响较大，在条件不适宜的情况下，授粉受精不良，造成落花落果，生产上多使用生长激素以提高坐果率。

果实的形状、大小、色泽以品种而异，一般 500 克左右，大的 1 000 克以上。果实的表面光滑或有沟棱，果肉厚 2 厘米左右，颜色有白、绿、桔黄三类。在各种环境条件中，土壤水分对果实的发育影响最大，所以果实形成期，科学合理的浇水十分重要。

种子比黄瓜种子小，千粒重一般 15 ～ 20 克。播种前的温汤浸种、药剂处理等可较好的预防苗期病害。

（一）生育周期

甜瓜植株一生大致分为三个时期：苗期、营养器官生长期和结果期，各时期长短因品种和栽培方式略有差异。厚皮甜瓜果实发育所需时间较薄皮甜瓜长，整个生长期前者需 110 天以上，后者需 80 ～ 100 天。

1 苗期 种子萌发播种，到 5 片真叶形成，约 35 天。

2 营养器官生长期 5 片真叶到第一结实花开放，约 20 天。

3 结果期 第一结实花开放到果实成熟，55 ~ 65 天。此期又可分为开花结果期、果实膨大期、果实成熟期。

4 开花结果期 第一结实花开放到果实开始膨大，约 15 天。

5 果实膨大期 果实开始膨大到停止膨大，约 25 天。

6 果实成熟期 果实停止膨大到果实成熟，15 ~ 25 天。

（二）环境条件要求

1 温度 喜温，整个发育期 25 ~ 35℃。发芽期：厚皮类型 25 ~ 35℃，薄皮类型 25 ~ 30℃，15℃以下不发芽。幼苗生长期：20 ~ 25℃。果实发育期：30 ~ 35℃，13℃以下生长停滞。

要求较大的昼夜温差，果实发育期应达到 12 ~ 15℃。

2 光照 喜光，光照弱影响产量品质。生长期要求 10 ~ 12 小时的光照时间。日照时数短，生长瘦弱，光合产物减少，坐果困难，果实生长缓慢，含糖风味降低。日照时间达 14 ~ 15 小时，侧蔓发生早，茎蔓生长快，开花坐果提前，果实生长迅速，单果重增加，品质优良。所以保护地秋冬茬栽培不如冬春茬品质好。

3 水分 不同生育期需土壤水分不同。发芽期：需水量高。开花坐果期 60% ~ 70%，适中；果实膨大期 80% ~ 85%；果实成熟期 55%。

空气湿度：要求较低的空气湿度，适宜空气湿度 50% ~ 60%。土壤湿度适宜时，可忍受 30% ~ 40% 甚至更低的空气湿度。

空气湿度长期在 80% 以上，影响光合等代谢活动，容易诱发病害。

4 土壤及矿物质营养 根系发达，吸收能力强，对土壤要求不 严格。厚皮甜瓜根系更强大，具有一定抗旱力，耐盐碱。土层深厚，有机质丰富，肥沃通气良好的壤土或沙质壤土，高产优质。

品种选择与茬口安排

（一）品种选择

目前种植成功的品种主要分为两大系列，一是薄皮系列品种，二是厚皮甜瓜。品种选择标准要三看：一看外观、品质和市场；二看丰产性、适应性和抗逆性；三看对生长环境和管理水平的要求。要根据自己的设施类型、品种特性、管理能力选择适宜的品种，并搞好品种搭配。

根据当地市场销售渠道和价格优势选择品种，根据种植模式、种植季节及管理水平选择优质、高产、抗性强的品种。

不选择没有在当地经过示范试验的品种，避免不必要的经济损失和减产纠纷。种子一旦出现问题，则错过种植季节，这就是农民常说的"有钱买籽，没钱买苗"的道理。尤其是早春栽培品种，其品种的耐寒性、耐弱光性、低温下的坐瓜率以及抗病性都是影响甜瓜经济效益的重要因素，这些都是选择品种的关键。

（二）设施类型

设施保护地种植种类多种多样。瓜农以各自的技能和当地自身条件选择不同设施类型。总结归纳有如下几种类型。

1 越冬日光温室型 温室后墙厚 3 米以上，边墙厚 1.5 米，地面下陷 0.6 米。双层草苫或棉被苫外加棚膜防雪。

2 早春简易温室型 后墙较薄或是砖墙垒制外加草苫保温，用于抵制早春霜寒。

3 春季大棚型 华北地区瓜农有的为提早瓜期，在大棚中再加一层或两层或三层（双层棚膜加小拱棚）内膜，用以保温防寒，促进瓜苗在早春寒冷季节生长。

（三）茬口安排

根据种植模式及设施类型，在确定定植期的基础上，选定适宜的播种期（表12）。一般深冬生产棚室内气温应该经常保持在 12℃ 以上，在特殊的自然条件下，棚室内短期的最低气温也不要低于10℃。春大棚内，定植后由于外界的气候条件越来越好，故在短期的时间（在特殊天气环境条件下），棚内最低温度能够保持在8℃以上即可定植。适宜的播种期距定植期40天左右，苗龄3叶1心至4叶1心。嫁接甜瓜播种期应距定植期时间长一些。50～55天。

表12　北方区域主要设施类型的茬口安排

设施类型	日光温室		简易温室		春大棚			
特点	土墙	砖墙	草帘后山墙	土后山墙	无内幕	一层幕	二层幕	三层幕
播种期	10月下旬	12月上旬	12月下旬	12月中旬	2月中旬	2月上旬	1月中旬	1月上旬
定植期	12月上旬	1月中旬	2月上旬	1月下旬	3月下旬	3月中旬	2月下旬	2月中旬

三 育苗技术

　　育苗分常规育苗法和嫁接育苗法。常规育苗法适宜新建棚室，病害轻，不易死苗；嫁接育苗法适宜重茬栽培生产，能有效防止枯萎病等重茬病害的发生，其嫁接的砧木一般采用白籽南瓜品种（没有使用过的砧木品种应经试验成功后方可应用）。

（一）常规育苗

1 营养土配制　常用以下3种配方。

A. 肥沃无菌大田土5份，充分腐热优质有机肥4份，细炉碴或锯末1份，混合均匀过筛。

B. 肥沃无菌大田土5份，充分腐熟圈粪2份，腐熟马粪2份，细炉碴1份，混合均匀过筛（警惕取自玉米田土含有潜在的除草剂残留风险，请先试播瓜类或十字花科种子查看出苗正常与否然后再采用）。

C. 肥沃无菌大田土6份，充分腐热优质有机肥4份。

以上营养土中一般不需要加入化肥，若大田土、有机肥质量较差，每立方米可加入粉碎后或用水溶解后的磷酸二铵 1 千克，均匀喷拌于营养土中，为防止苗期病虫害的发生，1 立方米可加入 68% 精甲霜灵·锰锌可分散粒剂 100 克，2.5% 咯菌腈悬浮剂 100 毫升随水解后喷拌营养土一起过筛混匀。也可采用 10 亿个枯草芽孢杆菌 250 克混土拌均匀，用这样的土装入营养钵或做苗床土铺在育苗畦上，或将营养土用 1 000 倍液 50% 辛硫磷加 68% 精甲霜灵锰锌可分散粒剂 100 克，2.5% 咯菌腈悬浮剂 100 毫升喷拌于营养土中，堆闷 7 天灭菌、灭虫。过筛后，装入营养钵或育苗畦中，可有效防止苗期立枯病、炭疽病和猝倒病等病害及虫害的发生。

2 育苗畦或育苗钵的准备 育苗时可把营养土直接铺入育苗畦中，厚度 10 厘米左右，或直接装入育苗钵中，育苗钵大小以 10 厘米 × 10 厘米或 8 厘米 × 10 厘米为宜，装土量以虚土装至与钵口齐平为佳，再把营养钵放置育苗畦中。

3 育苗棚消毒 育苗前 7 ～ 10 天，用防病、防虫药剂熏棚 1 昼夜，然后放风排毒气准备播种。消毒方法可每亩用 80% 敌敌畏 0.25 千克 +2 千克硫磺 + 适量锯末混合分堆点燃熏棚。或用百菌清烟雾剂 + 灭蚜烟剂等点燃熏棚（请按购买药剂实际说明施用）。

4 种子处理

（1）晒种：播前 2 ～ 3 天，把种子放在阳光充足的地方进行晒种 1 ～ 2 天，并经常翻动种子，可起到杀菌、打破休眠和增强种子活力的作用。注意晒种时不要直接放在水泥地面上或其他吸热较强的物品上，以免烤伤种子。

（2）凉水浸种：将晾晒好的种子用 12 ～ 15℃的凉水浸泡 1 小时，使种子慢慢吸水，以防直接用温水浸种炸壳影响芽率。

（3）药剂浸种：浸泡后的种子，捞出控净水，倒入 3 ～ 4 倍液于种子量的药剂溶液里，浸泡 4 ～ 6 小时，每 1 小时拌动一次，使种子受药均匀。甜瓜浸种时，由于种子小，种皮又薄，一般不提倡直接用 55℃温水浸种，以防炸壳，影响发芽率。常采用常温药液浸种，主要有：75% 百菌清可湿性粉剂或 300 倍液的福尔马林；或 1 000 倍液硫酸铜。

5 催芽 将用药液浸过的种子，搓掉种皮粘液，用清水洗净后，用湿布包好，放在 25 ～ 32℃条件下催芽，催芽过程中，注意经常用

30℃左右的温水过滤种芽，用温水过滤种芽的好处：一是可有效防止催芽温度较高种芽发酵变质。二是防止浸种时水分吸收不足，影响发芽率。一般每8小时温水过滤一次。24小时可催齐芽，当幼芽长至2～3毫米时，放在10～15℃条件下炼芽，以提高幼芽的适应性。如果催芽不齐可将催出的瓜芽选出来，经常温炼芽后，用湿布包好，放在冰箱的冷藏箱里，待芽子出齐后再准备播种，播种前不管是在冰箱里冷藏的，还是后催出来的芽子，都要经过常温炼芽（接近育苗室最低温度）4～5小时后再播种。甜瓜芽子经过冰箱冷藏（低温处理）后，不仅能有效调整在一次催芽不齐的情况下一次播种，出苗齐，还可以起到提高秧苗抗寒能力的作用。

6 播种前浇水 在播种前一天浇足水，准备播种，播种时最好表土能够成泥浆状态，播种后使种子能够部分下陷与泥浆中，以保证一播全苗。

7 播种方法 在浇足育苗水的育苗畦或营养钵里，第二天当水渗净，表土具一定量泥浆，地温上升后播种，每个营养钵内平放1～2粒种子，或育苗畦按株距4厘米播种。随播种随在种子上均匀覆盖1厘米厚过筛营养土，再用600倍液68%精甲霜灵锰锌水分散粒剂药液喷洒覆土表面以形成药土封闭层，对出苗后的猝倒病起预防作用。然后覆一层地膜保温、保湿，待80%以上拱土、出土时揭掉薄膜。

播种时应注意的问题

播种前必须看气象云图，最好在播种后7天内没有持续性恶劣天气，以防地温过低，土壤湿度过大，引起烂种、烂芽或出苗缓慢等现象发生。出苗后适时揭掉薄膜，以防揭膜过早，影响出苗率。揭膜过晚，高温烧苗和下胚轴过长，导致苗弱。

一般育苗条件好的地方，使用营养钵育苗为多，以防移栽伤根。营养钵暴露在育苗室的空气中，钵内土温易随空气温度的变化而变化，会影响出苗率。如果没有分播条件，可直接播在育苗畦里，这样土壤保温、保湿效果好，利于播全苗，待瓜苗出齐，子叶展平，见到真叶时，再移栽到营养钵里。

（二）嫁接育苗

嫁接可以增强抗病性，南瓜对多种土传病害具有很强的抗性，通过嫁接可以有效预防枯萎病等土传病害的发生；而且还可以利用南瓜根系耐寒性的特点，通过嫁接以达到提高甜瓜耐寒能力的目的（甜瓜根系生长的最低温度是12℃，而南瓜为8℃），提高吸水吸肥能力，南瓜根系入土深、分布范围广，根毛多而长，吸收水分和养分能力明显高于甜瓜；嫁接苗耐干旱，耐瘠薄能力也明显提高，促使瓜秧发育好，不死秧，可延长甜瓜采收期，产量和经济效益增加。

1 **嫁接育苗的设备条件** 首先要建造一座育苗温室，大小根据育苗数量而定，一般育1亩地的秧苗需要50平方米的温室，如在深冬季节嫁接，还需在温室内搭建火炉。

2 **营养土的配制** 取三年未种过蔬菜和棉花的大田土70%，农家腐熟有机肥30%，用筛子过筛，再拌入多菌灵400克／立方米或400克／立方米甲基托布津。

3 **整地施肥** 深翻土壤30厘米，整平耙细。施入磷酸二铵0.1千克／平方米。

4 **砧木的选择** 一般选择日本黄籽南瓜和白籽南瓜为砧木进行嫁接。

5 **砧木和接穗的播种**

（1）催芽：南瓜催芽时应在催芽前，也要与甜瓜种子一样进行晒种1～2天（注意不要放在水泥地板上晒），放入80℃水中浸种20分钟，不断搅拌，之后捞出种子再放入30℃水中，浸泡6～8小时，搓掉粘液，取出用手攥干，用纱布包好，放到32℃环境下催芽。一般30个小时可出芽。注意中间需要用清水清洗一次。

甜瓜催芽与前面催芽相同。

（2）播种：需要说明的是本文提供的是靠接嫁接方法。如果是插接法，砧木和接穗的播种时间应该错开一周左右，砧木先于接穗播种。靠接法甜瓜首先播种，正常情况13天左右再播南瓜，此时甜瓜生理苗龄第一片真叶大小如拇指盖。

一般选择晴天上午播种，播种前一天，在畦内浇透水，然后在畦内划成 4 厘米 ×4 厘米的田字格，在两线的交叉点上点上一粒种子。在播完种的畦面上撒上营养土，厚度 1 厘米。贴接的南瓜种子播在前一天浇透水的营养钵内，撒上 1 厘米厚的营养土。接穗和砧木播完种后，用地膜将畦面盖好，用竹片搭建一个小拱棚，晚上覆盖塑料薄膜保温。

甜瓜靠接时，砧木可以播在畦内，嫁接时拔出即可，嫁接后，把嫁接苗栽于营养钵内。

甜瓜贴接时，砧木可以直接播于营养钵内，嫁接时在营养钵内进行。

6 播种后管理 播种后地温保持在 15℃ 以上，最低 13℃，白天气温保持在 30℃，晚上 15 ~ 20℃，一般 3 ~ 4 天可齐苗。甜瓜嫁接时下胚轴长约 5 ~ 5.5 厘米，在甜瓜出苗后 5 天，可适当提高夜间温度，以增长下胚轴，当甜瓜下胚轴长度达到嫁接要求，而砧木（南瓜）苗子两片子叶展平带一小心时开始嫁接。此时，适当降低棚内夜间气温，促瓜茎增粗。

7 嫁接育苗工具准备 要准备一个嫁接工作台，并准备刮脸刀片、嫁接夹、营养钵、喷雾器（喷水用）、塑料筐（运输秧苗）、营养土等。

8 嫁接技术要点

嫁接时间选在晴天，嫁接前一天，如营养土发干，要适当浇水，这样可使起苗时少伤根，又有利秧苗吸收水分。

> 靠接的特点：靠接是甜瓜自身根系不被切断，待嫁接伤口愈合后才进行甜瓜断根，成活率较高，南瓜要去掉生长点，操作比较繁琐。对初学者易掌握，嫁接后管理方便。

把甜瓜苗和南瓜苗分别从育苗畦中起出，放在操作台上，起苗时根部要尽量多带土。用嫁接刀去掉南瓜真叶（生长点），在南瓜苗距生长点 0.5 厘米处的胚轴上，用刀片由上向下斜削一刀。刀口和子叶平行与胚轴呈 35°，刀口长 1 厘米，深达胚轴直径的一半。取稍高于南瓜苗的甜瓜苗，在距生长点 2 厘米的胚轴上，用刀片由下向上斜削一刀，刀口和子叶垂直与胚轴呈 30°，刀口长 0.8 ~ 0.9 厘米，深达胚轴直径的 2/3。

把甜瓜苗切口舌形插入南瓜苗切口中，使二者刀口互相衔接吻合。然后把吻合好的嫁接苗用嫁接夹夹好固定（从甜瓜方向夹），两根分开 1 厘米，栽入一个营养钵中，并及时浇足水。

9 靠接苗的管理

（1）保护棚的搭建：嫁接后，营养钵放入畦内，摆放整齐，用竹片在畦内搭建一个小拱棚，上覆塑料膜和遮阳网。

（2）保温：甜瓜苗嫁接后前3天棚内温度白天保持在26～28℃，夜间18～20℃；3天后白天25～30℃，夜间15～18℃。地温保持在15℃以上，适当放小风。在第12～13天断根后白天20～30℃，夜间13～15℃。

（3）保湿：用喷雾器喷头朝上，在秧苗上喷水，水量不宜过大，落到叶面上不流即可。视湿度变化一天喷水2～3次，第1～3天，保持棚内空气湿度在95%以上；第4～6天，保持棚内空气湿度在90%以上。

（4）调光：嫁接后1～3天早晚散射光，中午遮阴；第4～6天早晚正常光照，中午散射光；以后逐渐增加光照，第6～7天后可完全见光。

砧木赘芽的处理：甜瓜嫁接后，南瓜生长点处还要生出赘芽，及时用刀片去掉赘芽，以免消耗养分。

（5）靠接苗的断根：靠接苗在嫁接后12～13天开始断根，下午进行操作，在接口下1厘米处用小刀切断甜瓜胚轴，并在近地面处再切一刀，彻底将甜瓜根断掉，或切断甜瓜根系后，将根直接拔出。

喷药、叶面补肥：嫁接后用喷雾器喷头朝上喷洒800倍液精甲霜灵锰锌，可同时加入1 000倍液的葡萄糖，一是防病，二是补充叶片营养，保证嫁接苗的正常生长。

嫁接育苗应注意的问题

◎ 甜瓜和南瓜育苗错期时间要掌握好，避免一大一小，依据实际情况而定。

◎ 嫁接时，注意接口要吻合，以提高成活率。

◎ 育苗时力求接穗与砧木根茎粗细一致或相近，以提高嫁接质量。

（三）苗期管理

1 温度管理

（1）苗前温度管理：首先，调控好育苗室的放风口，根据育苗室的的大小设置3～4个温度表，均匀分布于育苗室中太阳不能直射的位置，高度与秧苗持平，放风时首先要摸清育苗室不同位置的温度差别，如两端温度不一致，应先从高温的一端放风，后放低温的一端，同时还要调控好放风口的大小，尽可能使秧苗在同一环境条件下生长，为培育壮苗打好环境基础。如在深冬期育苗，温度管理，要根据育苗室的保温效果灵活掌握，一般以凌晨6时气温最低时间段能够满足秧苗正常生长为标准，调控好白天育苗室的温度，此期的温度管理应该是以增温保温为重点，在育苗室温度能够调控自如的情况下，可以参照温室指标管理。

（2）出苗期温度管理：出苗前后白天温度保持在28～32℃，夜间温度20～18℃，不能低于13℃。此期的管理重点应是尽可能满足种子发芽、出土的温度条件，防止在低温高湿的环境条件下，种子出苗时间过长，发生烂种、烂芽及其他病害的发生，做到一播全苗。

（3）出苗后管理：幼苗出齐后，白天温度保持在20～26℃，夜间温度18～15℃，不能低于10℃。此期的管理重点是及时将温度降下来，防止温度过高导致下胚轴过长，形成弱苗以及以后子蔓的发生。这是培育壮苗的关键一环。第一片真叶长出后，白天温度保持在22～30℃，夜间温度20～13℃。此期的管理重点，尽可能给秧苗适宜生长的温度环境，防止低温高湿环境的发生，导致苗期猝倒病、立枯病、炭疽病三大病害的发生。

（4）移栽前炼苗：白天温度保持在18～25℃，夜间温度15～10℃，最低可以练苗到8～10℃，使苗逐渐适应定植棚室环境。注意炼苗时不要一次性把温度降得过急，要逐渐地慢慢降下来，到定植前炼到接近生产棚室的最低温度即可。

2 苗期肥水管理 此期一般不需大量施用肥水。一般根据土壤墒情和植株长势，适时、适量进行浇水、施肥。出苗后，最好在育苗室内准备一个盛水的容器，提前将水预热，在幼苗出现萎蔫现象前，可在午前浇灌提前准备好的与棚温一致的水，每次浇水时都要看气象预报和气象云图，要选在近2～3天没有阴雪天气变化时进行，以防苗期病害的发生。有脱肥现象时，可适时喷施90%益施帮生命活性剂600倍液，或4 000倍液碧护叶面生长调节剂等，具有补肥、提高秧苗抗寒性、壮秧等效果。

四 定植

（一）定植前准备

1 选地 初建温室、简易温室、大棚均须注意选地。甜瓜是喜光作物，应选择背风、向阳、排水良好、土层深厚、肥沃的砂壤土为宜。应在冬季来临之前建好各种类型的棚室，并进行秋翻整地、施足基肥。结合深翻（30～40厘米），亩撒施充分腐热的有机肥2～4立方米，三元复合肥60～100千克，将土壤与肥料耙压、混匀整平后起垄准备定植。温室及简易温室大行距按80厘米，小行距60厘米；春大棚按垄距100厘米顺棚向起垄。垄台高20厘米，待扣棚升温后定植。

2 施肥 甜瓜为钾性植物。一般1 000千克商品瓜需氮3千克、磷1.5千克、钾5.6千克。而各个生育期对氮、磷、钾的要求也不一样，幼苗期、伸蔓期需氮量最大；开花坐果后需钾量日渐增多，果实膨大期达到最高峰。根据不同生育时期对氮、磷、钾的不同需要，调节好各元素供应比例，是甜瓜夺得高产的关键。氮肥可促进茎叶生长和果实肥大，提高产量，但施用量过多易徒长、晚熟、发病；施用磷肥可促根系发达，植株健壮；施用钾肥可提高品质、增加甜度、提高抗病性。

3 定植前提早扣棚升温 设施甜瓜一般都是反季节生产，要求提早扣棚进行升温，使北方冬季冻结的土壤，在定植之前必须化开的同时，地温还要达到12℃以上，才能定植。扣棚时间与定植时间，一般要相距30天以上，以充分暖棚升温后再定植，避免棚里土壤还没有解冻就定植秧苗受冻受寒现象。

春棚扣棚后如果要提前定植，常在棚内膜下吊1～3层内幕（膜内含有无滴剂的薄膜），三层内幕之间的距离一般相距14厘米左右，能有效起到保温增温的效果。内吊一层幕的，比不吊幕的可以提早定植10～15天；内吊两层幕的，可以提前定植20～25天；内吊三层幕的，能提早定植30～40天。甜瓜上市期可提前10～20天以上。棚内吊幕这项工作，扣棚后要马上进行，以提早升温。然后及时将吊甜瓜秧子的胶丝绳，拴在甜瓜定植垄上方的铅丝绳上，准备定植后吊秧。

4 定植前 5～7 天进行棚室消毒 方法同育苗棚消毒（注意放风排毒）。

开沟、施肥、浇水，在冬前做好的垄台上开 15 厘米深的浅沟，地力差的亩施三元表复合肥 15～20 千克，地力好的可不施肥，为防地下害虫可顺垄沟对水浇施 50% 辛硫磷 1 千克，然后合垄再浇足水，待水下渗，定植前进行高垄搭台找平，准备定植。高垄栽培可有效防止化肥烧苗和增加土壤的热容量，定植后发根、缓苗快。浇水后白天要注意升温和夜间的保温，封严棚门和各层棚膜，努力创造适宜甜瓜定植及生长的温、湿度环境。

> 连作、重茬地块的土壤处理：如果是在同一块地上，翌年再进行生产的连作地块，由于甜瓜怕重茬和土壤盐渍化的危害，用作底肥的化肥用量要在原来施肥基础上，减少计划用量的 1/2 或 1/3，同时每亩施用海藻菌肥 2～3 千克激活根系生长活力，对水冲施，在降低化肥用量，节省生产成本的同时，生物菌在土壤里还能还能活化土壤，分解过剩养分在土壤中的残留，固定空气中游离的氮，供作物吸收利用。反季节生产提高地温 1～3℃，提高植株的抗寒、抗病能力。

（二）定植

1 定植密度 定植密度要根据设施的类型、生产的季节、地力水平以及品种的特性而定。由于冬季生产植株长势较弱，温室及简易温室可适当密植，一般可定植 2 500～3 000。早春大棚定植密度，一般 2 000 株，地力水平差的可提高到 2 300 株。根据品种特性，植株长势旺的适宜稀植，长势弱的可以适当密植。

2 定植方法 在做好的垄背上开沟或打孔，采用水稳苗的方法定植，水下渗后封坨。封坨时要注意土坨与垄面持平，不要土坨露出地面太多，嫁接苗的切口切忌不能离地面太近，更不能埋入土中，否则失去嫁接的意义。打孔定植的，覆盖地膜前，进行垄沟表面 68% 精甲霜灵锰锌水分散粒剂 500 倍液地面杀菌封闭，以期降低秧苗感染茎基腐病的风险。然后再将地膜覆盖好，再打孔定植。垄背上开沟定植的，也可将营养钵底部穿透直接移栽垄背穴中，这样可以有效防治移栽时茎基腐病的侵染。

五 田间管理

在定植好秧苗的基础上，做好定植后每个环节的正确管理，是确保甜瓜稳产、高产，实现甜瓜高效益的技术保障。这就要求调控好每个生产环节的温度、光照、水分、养分，以及放风时间、放风口的位置、放风口大小的调控等。

（一）温度管理

1 定植到缓苗期间 白天气温 30 ～ 35℃，夜间一般不低于 15℃利于缓苗。在特殊天气条件下，短时间内温度也不应低于 8 ～ 10℃。

此期的管理重点是：以增温、保温为主。在温度管理上要以早晨凌晨 6 点的温度指标为基准，摸清楚棚室的增温、保温性能，调控好白天棚室内的温度指标。如果白天温度在正常管理的情况下，不能满足夜间植株生长发育的温度指标时，白天温度可以提高到 40 ～ 45℃。

如果外界气温过低的话，可以采取如下保温、增温措施。

◎ 棚室的外围，围靠一层草苫；

◎ 在秧苗的垄台上方搭建临时小拱棚，白天揭掉，晚上盖好保温；

◎ 如果棚室内温度过低的话，就应该考虑临时升温措施了，可以设置暖风炉、空气加热线、点燃远红外线煤气灶、搭建临时升温火炉、或者用燃烧酒精来升温等措施，均有一定的增温效果。但一定要注意电路安全、预防火灾、人在棚室里作业棚室封闭过严缺氧、一氧化碳中毒等现象的发生。

需要注意的问题是白天进行高温管理，只适用于夜间温度不能满足秧苗正常成活和秧苗最低温度生育指标 8 ～ 10℃时，且要求土壤、空气必须具备较高的湿度，此温度管理方法只适用于定植后短时间内的温度管理。如果温度达到的生长指标则不需要白天进行高温调控。

2 缓苗后到瓜定个前 白天气温 25 ～ 30℃，夜间不低于 12℃，有利于壮秧，早出子蔓，早坐瓜，膨瓜快。

此期温度的管理重点是：注意夜间不要温度过高，防止秧苗徒长。对于长势过快，不发子蔓的棚室，应加大昼夜温差的管理，夜里短时间内的最低温度可调控到10℃左右；或用控旺药剂5毫升对水15升喷洒生长点1～3次，控制秧苗旺长。待子蔓发出，看到瓜胎时，温度再转入正常管理。对于定植后，由于棚室温度低，秧苗长势弱的，要调高白天和夜间的温度，一般要以夜间凌晨6点（最低温时间段）温度为标准，在正常温度标准的基础上提高1～3℃，待植株恢复正常生长后，再将温度转入正常管理。

❸ 坐瓜期温度调控　白天气温25～35℃，夜间尽量保持13℃以上，以利甜瓜的糖分积累和早熟。此期春棚的温度环境是越来越好，温度的管理重点应该是：不要为了快膨果和为了果实快速成熟，进行高温管理，温度过高，虽然膨果较快、成熟较早，但容易导致植株根系老化，地上部早衰，影响第二、第三茬瓜的正常生长，甚至于造成生理障碍等情况发生。

（二）光照管理

棚膜选择：日光温室选择透光率好、保温效果好的聚氯乙烯无滴膜；春大棚膜易选择三层、保温、防老化、无滴效果好，透光率高的EVA薄膜。内吊的1～3层内幕，也要求选择含有无滴剂和EVA的薄膜。

在生产过程中，注意经常擦净吸附的土尘和其他脏物，保持棚膜面的干净，提高透光率。

在能够保持温室内温度的情况下，尽可能早揭晚盖草苫等保温覆盖设施，以增加光照时间。春大棚，在能够保证棚内温度的条件下，要及时逐层撤掉棚内吊挂的内幕，以保证较强的光照强度。

（三）肥水管理

❶ 缓苗水　定植后7天左右，浇一次缓苗水，这次水一定要浇足，标准一般要求上垄台，以利扎根、发苗和培育壮秧。这次透水，对定植之前浇水不足地块尤为重要，它直接影响根系下扎的深度和根量的多少，坐瓜后植株的长势和早衰程度。此水，一般不需要带肥。但在遇到低温障碍，根系发育不良时，可适当喷施一些叶面肥。

2 花前肥水 是指甜瓜在开花（早春为了促进坐瓜可以考虑雄蜂授粉或激素处理瓜胎）前，施用的一次肥水。此次肥水的施用，要根据土壤的保水、保肥能力、地力水平和植株的长势而定。如果这次肥水不及时浇灌的话，到催瓜肥水再追施时，土壤湿度、养分供应、植株长势，将直接受到影响，这次肥水可适当给予少量施用。此次肥水的施用方法：一般不宜过大，可采取隔垄浇灌的方法，每亩随水冲施水溶性冲施肥三元素复合肥 8～10 千克。

3 膨瓜肥水 这次肥水一般是在坐瓜后，当大多数瓜长至核桃一鸡蛋大小时施用的肥水，叫膨瓜肥水。一般亩施水溶肥氮钾复合肥 25～30 千克，对于种过蔬菜、甜瓜的重茬地块，每冲施 1～2 次冲施复合肥后，冲施一次海藻菌肥或生物钾肥 3～6 千克。以期改善根系活性增加根系吸收能力。在节省化肥 50% 以上的同时，还能够有效改良土壤微生物群落，解决土壤盐渍化的问题，提高产量和瓜品质量。从膨瓜到成熟，和第二、第三茬瓜的肥水管理，要根据土壤墒情、植株长势，可参照第一次膨瓜肥水的管理，适量追肥、浇水。

> 此期的管理重点是：要经常保持一定的土壤湿度，在湿度管理上，既要照顾第一茬瓜的正常成熟和品质，又要兼顾第二、第三茬瓜的膨瓜对肥、水的需求，土壤切忌旱涝不均，以防裂瓜。每次浇水前，都要参考近期天气变化，选择晴天上午浇水，浇水后 3～5 天没有气象变化时进行，浇水后 1～3 天上午密闭防风口，将棚、室温度提高正常管理温度的 3～5℃，有利于棚、室内的湿度高度气化，再打开防风口，进行排湿，然后再转入温度的正常管理。此法既能解决浇水后地温下降，尽快回升的问题，又能防止棚、室内空气湿度过大，导致病害的发生。

（四）风口管理

一般深冬和早春的放风时间在中午前和中午，要求在打开放风口以后，棚室内的温度能够保持不升不降，温度指标控制在适宜植株生长的范围之内即可。但这个温度指标的掌握，需要自己摸索棚室温度的变化规律，根据温度的变化规律确定出自己棚室的具体放风时间，同时注意早春及时排湿防灰霉病。

风口与温度的调控：要根据植株的长势调控放风量的大小及温度高低。植株长势过旺茎节间在13厘米以上，叶片直径20厘米左右或更大、生长点长势过快、茎秆表现过嫩、只长秧子不发子蔓，生长过旺的瓜秧，或经过观察有旺长趋势时，就应该调低正常管理温度指标1～3℃；反之，就应该将温度指标调高1～3℃。待植株正常生长后，再按不同生育时期的温度标准管理。

风口管理的注意事项：如果棚室不同位置的温度不一致时，应该先从高温部位放风，后放低温部位。防风时，防风口应该由小到大；关风口时，应该是由大到小。不要一次性开放风口和关放风口，更不要盲从别人的开、关放风时间和放风口大小。

（五）枝蔓管理

吊蔓整枝：定植后5～7叶时，用胶丝绳将主蔓吊好，并随着植株的不断生长，随时在吊线上缠绕。吊蔓整枝方法有两种。

1 **主蔓单秆吊蔓一次掐顶** 即将主蔓一直缠绕到接近吊蔓胶丝绳顶部时，一次性掐顶的方法。此方法适宜于植株不徒长，子蔓发得好，生长正常的管理。该掐顶法，第一茬瓜比两次掐顶的膨瓜速度略慢，但第二、第三茬瓜做瓜较早，植株不易发生老化现象。

2 **主蔓单秆吊蔓两次掐顶** 首先，在主蔓长至13片叶左右时为控制植株旺长，促其子蔓（侧蔓）早发、早结果、早膨果进行的第一次掐顶，然后再用顶部第一或第二叶叶腋生出的一个子蔓，作为龙头（主蔓），继续在胶丝绳上缠绕，其他子蔓留一片叶掐尖，待新龙头长至接近吊蔓胶丝绳的顶部时进行第二次掐顶。此方法的第一次掐顶，最晚必须掌握在发出的子蔓上刚刚见到瓜胎时进行，如果瓜胎过大时再掐顶，由于养分主要供给瓜胎的发育，上部节位的子蔓，就不能萌发，将导致地下部根系老化，植株早衰，直接影响第二、第三茬瓜的生产。

（六）留瓜

一般第4片以下长出的侧蔓全部去掉，从第5～10片真叶叶腋长出的子蔓（侧蔓）上留瓜，一个侧蔓留一个瓜，幼瓜后面留下一叶片后其他叶片与子蔓生长点一起去掉。留瓜子蔓（侧蔓）位置的确定，要根据植株根量（长势强弱）来确定坐果节位的高低和坐果数量。如果定植后瓜秧根量少、长势弱，坐果节位需要高一些，待长势旺盛一些后再留子蔓和留瓜，或少留瓜。整理子蔓时，长势弱时，坐瓜节位以下的子蔓（侧蔓），可以适当晚去掉或留一子蔓，防止根的老化。瓜秧掐掉生长点的高度，一般主蔓长至25～30片真叶接近吊瓜秧胶丝绳的高度时，去掉生长点，以促瓜控秧。一般腰节第11～20节位不留瓜，但生出的侧蔓可留1片叶掐尖。在子蔓（侧蔓）、孙蔓（子蔓上生出的蔓）的管理上，如果每茬座瓜后，可将空蔓用剪子剪掉，以防子蔓太多，瓜秧长势太乱，影响通风透光。如果发生病害，叶片光合作用面积不够，可适当留些子蔓，长出新叶，作为功能叶片，补充光合作用叶片面积的不足。

1 瓜茬数与留瓜数量 第一茬瓜可用药剂喷花和处理瓜胎5～6个，留瓜3～4个，待第一茬瓜坐住并膨大时，上部节位生出的子蔓瓜胎容易坐瓜时，可进行人工处理第二茬瓜胎，第二茬处理瓜胎3～5个，留瓜2～3个。第三茬一般在孙蔓上处理瓜胎3～5个，留瓜2～3个。

2 保瓜措施 设施甜瓜栽培，一般开花坐果期很难满足其环境条件的要求，坐瓜比较困难，所以，对瓜胎必须采取激素处理的方法，作为保瓜措施。

处理瓜胎法	花前喷雾法：可采用高效坐瓜灵喷瓜胎，此激素为0.1%的吡效隆系列，一般每袋（5毫升）对水1升（参照说明书使用），当第一个瓜胎开花前一天用小型喷雾器从瓜胎顶部连花及瓜胎定向喷雾。注意最好用手掌挡住瓜柄及叶片，以防瓜柄变粗、叶片畸形。喷瓜胎时，一般一次性处理花前瓜胎2～3个（豆粒大小的瓜胎经处理均能坐住），这样一次性处理多个瓜胎，坐瓜齐，个头均匀一致。为防止重复处理瓜胎而出现裂瓜、苦瓜、畸形瓜现象，可在药液中加入含有色素的2.5%咯菌腈悬浮剂即防治了早期灰霉病的侵染又做了喷花标记。此法较简单，易操作。但是，如果瓜胎受药不均时，易导致偏脸瓜的发生。

浸泡法	也是采用0.1%的吡效隆系列产品，用同样的药液浓度和同样瓜胎生育指标，将瓜胎垂直浸入配好的激素药液里，深度达到瓜胎的2/3即可。如果浸入过深，接近瓜柄，会导致瓜柄变粗，影响商品性。
喷花处理法	此方法就是在甜瓜开花后的当天或第二天，用小型喷雾器将药液直接喷向柱头的方法。喷花的时间要掌握在10点以前，或15点以后，以防止高温时间段处理，药液浓度过高，引起裂瓜和苦味瓜的形成。常采用的药剂为2,4-D，施用浓度一般10～20毫克/千克（参照说明书使用），为提高坐瓜率，最好根据棚温的高低，做好试验后再大面积应用。
需要注意的是	无论采用哪种激素和那种处理瓜胎的方法，都要根据药剂的性能、棚室内的温度指标，调整好药液浓度，尽可能的避开高温时间段对瓜胎进行处理，以防高温时间段处理，药液浓度过高，容易引起裂瓜。蘸花后，如瓜胎上面附着药液过多，及时用手指弹一下瓜蔓，去掉多余药液，减少裂瓜机会。药液要随配随用，这样可以准确掌握药液浓度，保证坐瓜效果。

3 疏瓜 疏瓜时间应选择在大多数瓜胎长至核桃—鸡蛋大小时，进行1～2次疏瓜。根据植株的长势和单株上下瓜胎大小的排列顺序、瓜胎生长正常程度进行，疏掉畸形瓜、裂瓜及个头过大、过小的幼瓜。保留个头大小一致、瓜形周正的幼瓜。一般第一茬瓜留3～4个，第二或第三茬瓜留2～3个。疏瓜时，要在膨瓜肥水施用后，坐瓜稳定，植株没有徒长现象时进行，这样能够有效防止疏瓜后植株徒长，导致化瓜现象的发生，确保第一茬瓜的适宜上市期，并获得高效益。

灾害性天气的管理

在寒流、阴雪天、连阴天等天气的情况下的采取如下措施。

◎ 采取严格的保温、增温措施：白天减少进出棚室的次数，棚门口加长挡风保温棚膜，夜间封严，覆盖好保温覆盖物。如夜间温度可能将至植株生育的临界温度指标时，可采用临时加温设施，如热风炉、空气加热线、临时火炉等，但使用时一定要注意生产安全。

◎ 注意采光管理：尽可能让植株多见散射光，可以考虑增加后墙反光膜。揭开保温覆盖物，隔苫揭帘。持续阴天后突遇晴朗天气，切忌全部揭苫，要陆续见光，逐渐揭苫，以防瓜秧突见强光环境下萎蔫。此时因根系功能没有恢复正常，叶片脱水，营养供应不足，可喷施一些叶面肥作为养分的补充。

◎ 下雪时及时清扫积雪，以防压坏棚架。

◎ 连阴天来临前，叶面喷施抗寒剂碧护 4 000 倍液和防病杀菌药剂 25% 嘧菌酯悬浮剂 1 500 倍液喷施或灌根，可以预防大多数真菌病害，或 85% 疫霜灵可湿性粉剂 600 倍液，或 75% 百菌清可湿性粉剂 600 倍液。一般冬早春栽培病害防控采取一次性灌根施药阿米西达技术，对后面因阴天棚室内空气湿度过大，空气熏烟剂易造成叶片枝蔓老化的病害防除效果好很多。

（七）采收

甜瓜以九成熟时采收最好，这时甜瓜色泽好、口感最甜、香味浓郁，商品价值高。成熟判断，可观看瓜的转色情况，即是否与种子包装袋上瓜的颜色相似。相似时说明已经成熟，即可采收上市。此时采收，一般适宜近距离销售。若远距离销售的话，要根据外界的气温高低和路途远近，做好调整，一般七八成熟就可以采收上市。

六 甜瓜病害防治

（一）猝倒病

1 症状 甜瓜猝倒病主要发生在苗期的病害。幼苗感病后在出土表层茎基部呈水浸状软腐倒伏，即猝倒。初感病时秧苗根部呈暗绿色，感病部位逐渐缢缩，病苗折倒坏死。染病后期茎基部变成黄褐色干枯成线状。

2 发病原因 病菌主要以卵孢子在土壤表层越冬。条件适宜时产生孢子囊释放出游动孢子侵染幼苗。通过雨水、浇水和病土传播，带菌肥料也可传病。低温高湿条件下容易发病，土温 10～13℃，气温 15～16℃病害易流行发生。播种或移栽或苗期浇大水，又遇连阴天低温环境发病重。

3 生态防治

◎ 选用抗病品种：如风华正茂、芭苏一号、青玉、状元、风雷、龙甜 1 号、白沙蜜等较抗病的品种。

◎ 清园切断越冬病残体组织、用异地大田土和腐熟的有机肥配制育苗营养土。严格施入化肥用量，避免烧苗。

◎ 合理分苗，密植、控制湿度、浇水是关键。

◎ 降低棚室湿度。

◎ 苗床土注意消毒及药剂处理。

4 药剂防治

◎ 种子药剂包衣：选 6.25% 咯菌腈·精甲霜灵悬浮剂（亮盾）及 10 毫升对水 150～200 毫升包衣 4 千克种子，可有效预防苗期猝倒病和其他如立枯、炭疽病等苗期病害。

◎ 苗床土药剂处理：取大田土与腐熟的有机肥按 6：4 混均，并按 1 立方米苗床土加入 100 克 68% 精甲霜灵锰锌水分散粒剂和 2.5% 咯菌腈 100 毫升拌土一起过筛混匀。用这样的土装入营养钵或做苗床土表土铺在育苗畦上，并用 68% 精甲霜灵锰锌水分散粒剂 600 倍液药液封闭覆盖土表面。

◎ 药剂淋灌：救治可选择 68% 精甲霜灵·锰锌水分散粒剂 500～600 倍液（折合 100 克药对水 45～60 升），或 40% 精甲霜灵·百菌清悬浮剂 500 倍液，或 72% 霜脲锰锌、霜疫清可湿性粉剂 700 倍液，或 64% 杀毒矾可湿性粉剂 500 倍液，或 69% 烯酰吗啉可湿性粉剂 600 倍液或 72.2% 霜霉威水剂 800 倍液等对秧苗进行淋灌或喷淋，或 72.2% 霜霉威水剂 800 倍液等对秧苗进行淋灌或喷淋。

（二）霜霉病

1 症状 霜霉病是甜瓜全生育期均可以感染的病害，主要为害叶片。因其病斑受叶脉限制，多呈现多角形浅褐色或黄褐色斑块，易诊断，叶片初感病时，叶片上产生水浸状小斑点，叶缘叶背面出现水浸状病斑，霜霉病大发生会减产五成以上对甜瓜生产造成毁灭性损失。

2 发病原因　病菌主要在冬季温室作物上越冬。由于北方设施棚室保温条件的增强，甜瓜可以周年生产，并可安全越冬。病菌也可以因温度适宜而周年侵染，借助气流传播。病菌孢子囊萌发适宜温度 15 ～ 22℃，相对湿度高于 83%，叶面有水珠时极易发病。保护地棚室内空气湿度越大产孢子越多，病菌萌发游动侵入的有利条件。

3 生态防治

◎ 选用抗病品种：例如状元、风华正茂、芭苏一号、青玉、风雷、龙甜 1 号、伊丽莎白、风雷、胜红等。

◎ 清园切断越冬病残体组织、合理密植、高垄栽培、控制湿度是关键。地膜下渗浇小水或滴灌，节水保温，以利降低棚室湿度。清晨尽可能早的放风——既放湿气，尽快进行湿度置换。放湿气的时候，人不要走开，眼见棚内雾气减少，雾气明显外流后，立即关上风口，以利快速提高气温。注意氮磷钾均衡施用，育苗时苗床土必须消毒和药剂处理。

4 药剂防治

预防为主，移栽棚室缓苗后预防可采用 70% 百菌清可湿性粉剂 600 倍液（100 克药对水 60 升），或 25% 嘧菌酯悬浮剂 1 500 倍液，或 25% 双炔酰菌胺悬浮剂 1 000 倍液，或 40% 精甲霜灵·百菌清悬浮剂 800 倍液。发现中心病株后立即全面喷药，并及时清楚病叶带出棚外烧毁。

救治可选择 68% 精甲霜灵锰锌水分散粒剂 500 ～ 600 倍液加 25% 双炔酰菌胺悬浮液 800 倍液一起喷施，或与 69% 烯酰吗啉悬浮剂 600 倍液，或 72.2% 霜霉威水剂 800 倍液等交替间隔喷施，或 62.75% 氟吡菌胺·霜霉威水剂 800 倍液，或 72% 霜脲锰锌可湿性粉 700 倍液等喷施。

（三）灰霉病

1 症状　灰霉病主要为害幼瓜和叶片。感染灰霉病的甜瓜叶片，病菌先从叶片边缘侵染，呈小 "V" 字形病斑。病菌从开花后的雌花花瓣侵入，花瓣腐烂，果蒂顶端开始发病，果蒂感病向内扩展，致使感病幼瓜呈灰白色，软腐，凹陷，感病后期长出大量灰绿色霉菌层。

2 发病原因　灰霉病菌以菌核或菌丝体、分生孢子在土壤内及病残体上越冬。病原菌属于弱寄生菌,从伤口、衰老的器官和花器侵入。柱头是容易感病的部位,致使果实感病软腐。花期是灰霉病侵染高峰期。借气流、浇水传播和农事操作传带进行再侵染。适宜发病气温22 ~ 25℃,湿度90%以上,即低温高湿、弱光有利于发病。大水漫灌又遇连阴天是诱发灰霉病的最主要因素。密度过大,通风不及时,生长衰弱均利于灰霉病的发生和扩散。

❸ 生态防治

◎ 设施棚室要高畦覆地膜栽培,地膜下渗浇小水。有条件的可以考虑采用滴灌措施,节水控湿。

◎ 加强通风透光,尤其是阴天除要注意保温外,严格控制灌水,严防过量。早春将上午放风改为清晨短时放湿气,清晨尽可能早的放风,尽快进行湿度置换尽快降湿提温有利于甜瓜生长。

◎ 及时清理病残体、摘除病果、病叶,集中烧毁和深埋。

❹ 药剂防治

因甜瓜灰霉病是花期侵染,预防用药时机一定要在甜瓜开花时开始。可以用2.5%咯菌腈悬浮剂800倍液药液或

> 建议采用甜瓜病虫害保健性防控整体解决方案。

50%咯菌腈可湿性粉剂3 000倍液,或40%嘧霉环胺水分散粒剂1 200倍液对甜瓜雌花进行蘸花或喷花防治。药剂可选用25%嘧菌酯悬浮剂1 500倍液或百菌清600倍液喷施预防,用50%咯菌腈可湿性粉剂3 000倍液,或40%嘧霉胺水分散粒剂1 200倍液,或50%农利灵干悬浮剂1 000倍液或50%乙霉威·多菌灵可湿性粉剂800倍液,或50%的啶酰菌胺可湿性粉剂1 000倍液等进行喷雾防治。

(四)炭疽病

❶ 症状 甜瓜炭疽病整个生育期均可染病。主要侵染叶片、幼瓜、茎蔓。病斑为圆形或不规则型浅褐色病斑。 病斑逐渐扩大凹陷有轮纹。病果初为褪绿色水浸状凹陷斑点,而后变成褐色,斑点中间淡灰色,近圆形轮纹斑。

❷ 发病原因 病菌以菌丝体或拟菌核随病残体或种子上越冬,借雨水传播。发病适宜温度27℃,湿度越大发病越重。棚室温度高,多雨

或浇大水，排水不良、种植密度大、氮肥过量的生长环境病害发生重，易发生。植株生长衰弱发病严重。一般春季保护地种植后期发病几率高，流行速度快、管理粗放也是病害发生的用药因素。

3 生态防治

◎ 重病地块轮作倒茬。可以与茄科或豆科蔬菜进行 2 ～ 3 年的轮作。

◎ 苗床土消毒，减少侵染源（参照猝倒病苗床土消毒配方方法）

◎ 加强棚室管理，通风放湿气。设施栽培建议地膜覆盖或滴灌降低湿度减少发病机会。晴天进行农事操作，避免阴天整蔓、采收等易人为传染病害的机会。

4 药剂防治

◎ 种子包衣防病参见猝倒病防病包衣方法。

> 建议采用甜瓜病虫害保健性防控整体解决方案。

种子进行药剂浸种处理 75% 百菌清可湿性粉剂 500 倍液浸种 60 分钟后冲洗干净催芽。均有良好的杀菌效果。

◎ 喷雾施药法：采取 25% 嘧菌酯悬浮剂 1 500 倍液预防措施会有非常好的效果，也可选用 32.5% 吡唑奈菌胺·嘧菌酯悬浮剂 1 500 倍液，或 75% 百菌清可湿性粉剂 600 倍液，56% 百菌清·嘧菌酯悬浮剂 800 倍液，或 10% 苯醚甲环唑水分散粒剂 1 500 倍液，或 80% 代森锰锌可湿性粉剂 600 倍液，32.5% 吡唑奈菌胺·嘧菌酯悬浮剂 1 000 倍液，或 42.8% 氟吡菌酰胺·肟菌脂悬浮剂 1 000 倍液。

（五）白粉病

1 症状　甜瓜全生育期均可以感病。主要感染叶片。发病重时感染枝干、茎蔓。发病初期主要在叶面长有稀疏白色霉层，逐渐叶面霉层变厚形成浓密的白色圆斑。发病后期叶片发黄坏死。

2 发病原因　病菌以闭囊壳随病残体在土壤中越冬。越冬栽培的棚室可在棚室内作物上越冬。借气流、雨水和浇水传播。温暖潮湿、干燥无常的种植环境，阴雨天气及密植、窝风环境易发病，易流行。大水漫灌，湿度大，肥力不足，植株生长后期衰弱发病严重。

3 生态防治

◎ 适当增施生物菌肥、磷钾肥，加强田间管理，降低湿度，增强通风透光。

◎ 收获后及时清除病残体，并进行土壤消毒。棚室应及时进行硫磺熏蒸灭菌和地表药剂处理。

4 药剂防治

◎ 采取 25% 嘧菌酯悬浮剂 50 毫升 / 亩液灌根施药，或 56% 百菌清·嘧菌酯悬浮剂 800 倍液预防措施会有较理想的

> 建议采用甜瓜病虫害保健性防控整体解决方案。

效果，也可选用 75% 百菌清可湿性粉剂 600 倍液，或 10% 苯醚甲环唑水分散粒剂 2 500 ～ 3 000 倍液，或 32.5% 苯醚甲环唑·嘧菌酯悬浮剂 1 000 倍液，32.5% 吡唑奈菌胺·嘧菌酯悬浮剂 1 500 倍液，或 42.8% 氟吡菌酰胺·肟菌脂悬浮剂 1 500 倍液喷雾。

（六）溃疡病

1 症状 溃疡病应该包括北方瓜农常说的"亮叶"病害症状中的一种普遍发生的重要病害。病菌侵染幼苗、茎秆至幼果及结果盛期均可感染溃疡病。病菌通过植株的输导组织韧皮部和髓部进行传导和扩展，感病初期在叶片表面呈鲜艳水亮状即亮叶。幼瓜初期因叶蔓染菌蔓延染病呈水浸状烂瓜。茎蔓染病，呈油渍状阴湿病蔓，有裂蔓现象，潮湿条件下病茎和叶柄会有溢出菌脓。

2 发病原因 细菌性病害。病菌侵染幼苗、茎秆至幼果及结果盛期均可感染溃疡病。病菌通过植株的输导组织韧皮部和髓部进行传导和扩展病菌可在种子内、外和病残体上越冬。在土壤中可以存活 2 ～ 3 年。病菌主要从伤口侵入，包括整枝打叉时损伤的叶片、枝干和移栽时的幼根。也可从幼嫩的果实表皮直接侵入。由于种子可以带菌，其病菌远距离传播主要靠种子、种苗和鲜果的调运；近距离传播靠雨水和灌溉。保护地大水漫灌会使病害扩大蔓延，人工农事操作接触病菌、溅水也会传播。长时间高湿环境和大水漫灌以及暴雨天气发病重。保护地、早春寒冷季节发病重。

3 生态防治

◎ 农业措施：清除病株和病残体并烧毁，病穴撒入石灰消毒。采用高垄栽培，避免带露水或潮湿条件下的整枝打叉等操作，即阴天不进行

整秧掐蔓操作。

◎ 种子消毒可以温水浸种：55℃温水浸种 30 分钟或 70℃干热灭菌 48 ～ 72 小时。

4 药剂防治

◎ 预防可用硫酸链霉素 200 毫克 / 千克种子浸种 2 小时。

> 建议采用甜瓜病虫害保健性防控整体解决方案。

◎ 喷雾施药法：预防溃疡病初期可 选用 47% 春雷王铜可湿性粉剂 600 倍液，或 77% 可杀得 3 000 可湿性粉剂 800 倍液，或 27.12% 铜高尚悬浮剂 800 倍液喷施或灌根，或用细菌灵 400 倍液、硫酸链霉素 3 000 倍液、新植霉素 5 000 倍液喷施。用硫酸铜每亩 3 ～ 4 千克撒施浇水处理土壤可以预防溃疡病。

（七）枯萎病

1 症状　甜瓜枯萎病是土传病害，全生育期均可发病。设施栽培的甜瓜一般在开花初期和结瓜初期，正值春季寒冷季节，感病植株叶片表面失水状半边黄化，侧蔓或叶片半边黄化，即半边疯。因是输导组织维管束病变，致使植株生长较一般植株矮化、前期簇状卷曲。而后萎蔫部位或染病植株不断扩大逐步遍及全株致使整株萎蔫枯死。

2 发病原因　枯萎病菌系镰刀菌为害通过导管维管束从病茎向果实、种子形成系统性侵染。使苗期到生长发育期均可染病。以菌丝体、厚垣孢子或菌核在土壤、未腐熟的有机肥中越冬，可在土壤中存活 8 年以上。从伤口、根系的根毛细胞间侵入，进入维管束并在维管束中发育繁殖，堵塞导管致使植株迅速萎蔫，逐渐枯死。发病适宜温度 24 ～ 25℃，病害发生严重程度取决于土壤中可侵染菌量。重茬，连作、土壤干燥，黏重土壤发病严重。

3 生态防治

◎ 选择抗病品种：风华正茂、风雷等均有较好的抗枯萎病作用。

◎ 采用营养钵育苗，营养土消毒，苗床或大棚土壤处理。方法参照同前育苗防病措施。嫁接防病：见前面嫁接育苗方法。

◎ 加强田间管理，适当增施生物菌肥、磷钾肥。降低湿度，增强通风透光，收获后及时清除病残体，并进行土壤消毒。

◎ 高温闷棚法。保护地棚室连作栽培的地块，应该考虑，石灰稻草法或石灰氮土壤消毒灭菌、大水漫灌和高温闷棚进行土壤消毒，进行灭菌减害。

4 药剂防治

◎ 种子包衣消毒，即选用 6.25% 亮盾悬浮剂 10 毫升对水 150～200 毫升可包衣 4 千克种子进行种子杀菌防病。

◎ 灌根用药：定植时用生物菌药处理：30 亿个活孢子／克枯草芽孢杆菌 500 倍液每株 250 毫升穴施灌根后定植，初花期再灌一次会有较好的防病效果，也可选用 98% 恶霉灵可湿性粉剂 2 000 倍液，或 75% 百菌清可湿性粉剂 800 倍液，或 2.5% 咯菌睛悬浮剂 1 500 倍液，或 50% 多菌灵可湿性粉剂 500 倍液，每株 250 毫升，在生长发育期、开花结果初期、盛瓜期连续灌根，早防早治效果会明显。

七 甜瓜生理性病害防治

（一）缺氮黄化症

1 症状 从下位叶到上位叶逐渐变黄；开始叶脉间黄化，叶脉凸出可见，全株矮小，长势弱，茎细果实多数为小头果。植株生长发育不良。

2 发病原因 前作施用有机肥少，土壤含氮量低；施用了大量未腐熟的有机肥，分解时夺取土壤中的氮；土壤保肥能力差浇水或露地栽培氮易被雨水淋失；砂土、砂壤土，阴离子交换少的土壤常缺氮；低温期以有机肥为主时肥料分解慢，氮一时供应不足。

3 救治方法 在出现缺氮症状时，可施用速效水溶性冲施高氮肥，也可叶面喷施氮肥溶液；施用氮肥时应注意，结果株平均每株吸收氮为 5 克，施肥基准应为 12 克；甜瓜吸收氮的高峰期是在授粉后 2 周，以后迅速下降，施底肥时应注意；施用完全腐熟的有机肥，提高地力；低温期施肥在早施的同时应配合速效肥；生长发育后期注意少施或不施，以确保产品品质。

（二）缺磷症

① 症状 叶色浓绿、硬化、矮化；叶片小，稍微上挺；严重时，下位叶发生不规则的褪绿斑。

② 发病原因 注意症状出现的时期，由于温度低，即使土壤中磷素充足，也难以吸收，易出现缺磷症状；在生育初期，叶色为浓绿，且叶片小，缺磷的可能性大；甜瓜对磷的吸收高峰是在果实膨大后期，所以在生育初期磷的有效供应就显得很重要。

③ 救治方法 在甜瓜生育途中采取措施比较困难，因此应在定植前要计划好磷素的施用；施用磷肥应注意，每棵结瓜株磷素的吸收量一般为 2 克，应该按 16 克的基准施肥；土壤全磷含量在 300 毫克 /1 000 克土以下时，除施用磷肥外，还要预先改良土壤；土壤含磷量在 1 500 毫克 /1 000 克以下时，施用磷肥的效果显著。甜瓜苗期特别需要磷，每立方米营养土中磷含量要达到 1 000 ～ 1 500 毫克；施用足够的优质有机肥，底施磷肥应该一次性施足。以期达到甜瓜后期生长需要。

（三）缺钾症

① 症状 钾可在植株体内移动，植株缺钾时老叶的钾就会移动到生长旺盛的新叶，从而导致老叶缺钾。在生长早期，叶缘出现轻微的黄化现象，继而叶缘枯死，随着叶片不断生长，叶向外侧卷曲；其症状品种间的差异显著。缺钙的症状首先出现在上位叶。叶缘完全变黄时多为缺钾。

② 发病原因 虽然氮钾肥在复合肥的施入量常是等同和同步的，但是钾在甜瓜中的吸收量是氮肥的 1 ～ 2 倍液。因此，在施入有机肥不足或补充含有氮钾的复合肥时，对连年种植地块，钾会越来越少。并发甜瓜生长后期出现缺钾现象的发生，磷肥的过量施用会导致钾肥的减少。在沙性土壤栽培时易缺钾。有机肥和钾肥施用量小，满足不了生长需要时；地温低、湿度大、日照不足，阻碍了钾的吸收；施用氮肥过多，会影响对钾肥的吸收。

③ 救治方法 使用足够的钾肥，特别在生育的中、后期，不可缺钾；每次施用生物钾肥有机肥料 5 ～ 8 千克；缺钾时也会影响铁的移动、

吸收。因此补充钾肥的同时，应该补铁，二者同时进行。可用 0.3% ～ 1% 硫酸钾、氯化钾喷施以期保证甜瓜品质。

（四）缺镁症

1 症状 在生长发育过程中，下位叶的叶脉间叶肉渐渐失绿变黄，进一步发展，除了叶缘残留点绿色外叶脉间均黄花；当下位叶的机能下降不能充分向上位叶输送养分时，其稍上位叶也可发生缺镁症；缺镁症状和缺钾相似，区别在于缺镁是先从叶内侧失绿，缺钾是先从叶缘开始失绿；该症状品种间发生程度、症状有差异。

2 发病原因 镁是植株体内所必需的元素之一。由于施氮肥的过量造成土壤呈酸性影响镁肥的吸收，或钙中毒造成碱性土壤也应影响镁的吸收从而影响叶绿素的形成。造成叶肉黄化现象。低温时，氮磷肥过量，有机肥的不足也是造成土壤缺镁的重要原因。根系损伤对养分的吸收量的下降，其引起最活跃叶片缺镁吸收的现象也是不容忽视的。土壤中含镁量低的砂土、砂壤土上栽培，未施用镁肥的露地栽培的地块易发生缺镁。

3 救治方法 增施有机肥，合理配施氮磷肥，配方施肥非常重要，及时调试土壤酸碱度改良土壤避免低温。若缺镁，在栽培前要施足中量元素硼镁锌钙肥；注意土壤中钾、钙含量，保持土壤适当的盐基水平，补镁的同时应该加补钾肥、锌肥。多施含镁、钾肥的厩肥。叶片可喷施萌帮镁钙镁、古米叶、瑞培镁、螯和镁等。

（五）缺钙症（脐腐病）

1 症状 钙素在植株体内不易转移，缺钙时新叶黄化，叶片首先是幼叶叶缘失水，继而干枯变褐。果实病斑产生于果面上，初期呈水浸状暗绿色，逐步发展为深绿色或灰白色凹陷。成熟后斑点褐变不腐烂。

2 发病原因 由植株缺钙引起，虽然土壤中不缺钙离子，但是，连续多年种植甜瓜的棚室，过量施用氮磷钾肥会造成土壤盐分过高，大量的盐类肥料施用会引发缺钙现象发生。干旱时，土壤浓度浓缩，减少根系吸水，抑制钙离子的吸收，造成瓜成熟时体内糖分不均衡分布，糖转化失调，造成缺糖部位木栓化不转色的凹陷斑。结瓜节位低、长期连作，和盐渍化障碍、高温、干旱和旱涝不均的管理也是影响钙吸收量的主要原因。根群分布浅，生育中后期地温高时，易发生缺钙。

❸ 救治方法

◎ 适当疏瓜、根据自身植株营养条件留选茬口瓜数，防止果实不必要的钙素竞争。

◎ 合理施肥浇水，杜绝干旱和大水漫灌。增施有机肥，增强土壤通透力。注意中耕松土，排水。

◎ 采用地膜覆盖技术保持土壤中均衡的水分供应。建议使用滴灌技术和营养钵或营养块育苗避免根系受伤害。

◎ 移栽田间后不蹲苗，促大秧、大苗，尽早促使根系发达，增强植株吸水能力。

◎ 合理使用氮肥，防止徒长和土壤盐化。

◎ 土壤盐化严重的地块，需要土壤改良，降低盐渍化程度，增强土壤通透性，和有机质含量，以期从根本上改善根系吸收钙肥的能力。（棚室栽培土壤处理，请参考线虫病高温闷棚技术）

◎ 花期前后，可以喷施绿得钙可溶性叶面肥，或古米钙可溶性叶面肥，或瑞培钙、及螯合性钙元素肥。1～2次。

（六）缺硼症

❶ 症状 缺硼的新叶停止生长。生长点附近的节间显著缩短。上位叶向外侧卷曲，叶缘部分变褐色，叶缘黄化并向叶缘纵深枯黄呈叶缘宽带症、果皮组织龟裂、硬化。停止生长的果实典型性症状是我们常说的网状木栓化果。

❷ 发病原因 硼是参与碳水化合物在植株体内的分配，缺硼时生长点坏死，花器发育不完全。新叶生长、茎与果实因生长停止，叶缘黄化并向叶缘纵深枯，大田作物改种植甜瓜后的容易缺硼。多年种植甜瓜连茬，重茬，有机肥不足的碱性土壤和砂性土壤，施用过多的石灰降低了硼的有效吸收以及干旱、浇水不当，施用钾肥过多，钾肥过剩都会造成硼缺乏。缺硼时，并不对吸收钙的量产生直接影响，但缺钙症是伴有缺硼症发生。

❸ 救治方法 改良土壤，多施厩肥增加土壤的保水能力，合理灌

174

溉。及时补充硼肥，例如古米硼、瑞培硼、速乐硼、新禾硼。

（七）发酵瓜

1 症状 果实初期生长正常，逐渐瓜开始变形，果皮出现浓绿色的水浸状，果面上如出汗，用手压果面，果面柔软，果面长有褐色凹陷病斑，但不腐烂，剖开瓜果肉呈干腐褐变症。成熟期，开始转变糖分时，从瓜内开始出现水浸状，继而发酵，发出臭味，腐烂。这类果实称为心腐果。

2 发生原因 体内发酵瓜，在坐瓜后半月就开始潜伏发生，只是幼瓜含糖量低，症状不显现。随着甜瓜成熟，糖分增加，果实内部逐渐呈水浸状，伴有气体产生。气体积累，瓜体内部在水浸状态下开始发酵，继而发臭。具体原因还有待于研究和考察。仅就北方设施栽培生产现场观察看，发生后期发酵腐烂瓜的地块，与氮中毒、缺钙、土壤盐渍化程度有关。在果实内缺钙的情况下，果肉细胞间很早就开始崩坏，变成了发酵果，糖分积累减少，品质变差。过量施氮肥，会造成缺钙、镁、硼肥，会使植株体内多项微量元素缺失，甜瓜生长后期大棚夜晚温度高，会造成碳水化合物的供给不足和碳水化合物的代谢与分布不均，糖分过快的转化加剧果肉的水浸、发酵。造成臭瓜。

3 救治方法 注意氮、钾肥的合理施用。果实膨大期，注意不要为了果实快速生长盲目的提高棚室的温度。避免为提早果实成熟，对土壤进行过于干旱的管理，植株要保持一定的生长势，促使果实膨大并推迟果实成熟，可防治发酵果的发生；发酵果，一般是在高温、干旱、根量不足、生长势弱的情况下发生的。

（八）药害瓜

1 症状 甜瓜有薄皮甜瓜和厚皮甜瓜之分。尤其是薄皮甜瓜，以瓜皮薄，果面光滑，脆嫩多汁等特点，广受喜爱。近些年来，生产效益非常看好。但是，就其特点在病虫害防治用药上，其光滑的瓜面和皮薄的特点决定了其对农药使用的特殊敏感性，也决定了病害防治用药上使用复配农药品种上的用药谨慎性。

劣质喷雾器跑冒滴漏，大水滴过量淋灌式喷药会造成对叶片的灼伤现象。多种农药混配在一桶中牛奶式喷施造成的叶片变厚、变脆，叶缘微卷。大剂量多种农药混用奶状喷施会造成甜瓜的烧灼斑，过量烟熏造成的枯干叶片。喷施在幼瓜上产生的浅褐色斑点。劣质药剂混用对幼瓜果面造成的暗绿浅黑色大小不一，会产生形状不规则的烧灼斑。劣质代森锰锌或混配药品中含有锰离子的重金属离子对幼瓜果面会造成的灼伤斑块。

2 发病原因　甜瓜尤其是薄皮甜瓜在瓜菜作物中对农药是最敏感的，生产中有许多瓜农，误认为使用的农药越多，对病害防治效果就越好，或一次性掺入多种农药可以对许多种病害一次性防治住。其实不然。病害的发生流行与随季节有一定的规律性，并不是所有病害或几种病害一起到来，农药多用些，量大些就能把病救治好了。而是需要掌握病害发生的一定规律，针对其特点进行预防与救治。甜瓜用药计量也很严格。尤其是苗期的使用浓度和药液量更应该严格掌握，机械化喷施用药需要严格计算药量和行进速度与着药量的相关性，并使雾滴均匀。不同的农药在不同的蔬菜作物上的使用计量是经过科研部门严格试验示范后才进行推广应用，施用时应尽量遵守农药包装袋上推荐使用的安全剂量。选择药品种类时，尽量选择，络合锰锌复配的药品进行病害防治。不要贪图某些药品价格便宜，而使生产的瓜果品质上受害，进而经济损失更大。

3 救治方法　受害秧苗如果没有伤害到生长点，可以加强肥水管理促进快速生长。小范围的秧苗可尝试选用生长调节激素"赤霉素"喷施或施用碧护 7 500 倍液药害调节，或云苔素喷雾（使用时参照药品说明应用）。生产中请尽量将杀菌剂和除草剂分成两个喷雾器 进行操作，避免交叉药害发生。严重受害的地块，只能拔除，毁种。

八 甜瓜病虫害保健性防控整体解决方案（整体防控大处方）

（一）春季甜瓜保健性防控方案（2～6月）

第一步：穴盘或营养钵药剂淋灌施药处理：锐胜 10 毫升（噻虫嗪）+亮盾 10 毫升 +15 千克水淋灌穴盘。

第二步：垄沟施撒药土。移栽前随定植沟撒施 30 亿个枯草芽孢杆菌 / 克可湿性粉剂 1 千克拌药土于沟畦中 / 亩。 ← 强健根系，刺激根系活性

第三步：定植后 7 ～ 10 天对甜瓜植株灌根阿米西达 50 毫升 / 亩，持效期 25 ～ 30 天。

第四步：喷施阿加组合：阿米西达 10 毫升 + 加瑞农 25 克对水 15 升，15 ～ 20 天 / 次。此步加强保健性防控灰霉病和防控早期细菌性溃疡病侵染威胁，壮秧、保幼瓜。

第五步：喷卉友 3 000 倍绝杀幼瓜果实灰霉病菌，10 天 / 次。

第六步：灌根阿米西达 120 ～ 150 毫升 / 亩，持效期 35 ～ 30 天。

第七步：喷绿妃 10 毫升对水 15 升，10 ～ 15 天 / 次。

第八步：喷阿米多彩 15 毫升对水 15 升，直至收获。 ← 机动

（二）冬春季甜瓜保健性防控方案（12 月至翌年 5 月）

第一步：穴盘或营养钵药剂淋灌施药处理：枯草芽孢杆菌 50 克 + 亮盾 10 毫升 +15 千克水淋灌穴盘。

第二步：垄沟施撒药土。移栽前随定植沟撒施 30 亿个枯草芽孢杆菌 / 克可湿性粉剂 / 千克拌药土于沟畦中 / 亩。（强健根系，刺激根系活性），同时垄沟表面用 68% 金雷水分散粒剂 500 倍液封闭地面杀菌，避免移栽时茎基腐病威胁。

第三步：定植后 7 ～ 10 天对甜瓜植株灌根阿米西达 50 毫升 / 亩，持效期 25 ～ 30 天。

第四步：喷施（阿加组合）：阿米西达 10 毫升＋加瑞农 25 克对水 15 升，15～20 天／次。

此步加强保健性防控灰霉病和防控早期细菌性溃疡病侵染威胁，壮秧、保幼瓜。

第五步：喷卉友 3 000 倍，绝杀幼瓜果实灰霉病菌，10 天／次。

第六步：灌根阿米西达 120～150 毫升／亩 +35% 锐胜 150 克／亩，持效期 35～30 天。 ← 防霜霉、白粉叶斑、防蚜虫、白粉虱和蓟马）

第七步：喷绿妃 10 毫升对水 15 升，10～15 天／次。 ← 防控后期白粉病。

第八步：喷灌根或冲施阿米西达 150～200 毫升／亩，保持秧蔓健壮，维持到后期收获。

附录 设施蔬菜主要虫害绿色防控技术

（一）烟粉虱

1 为害状 烟粉虱也是以成虫或若虫群集嫩叶背面刺吸汁液，使叶片褪绿变黄。由于刺吸汁液造成汁液外溢又诱发落在叶面上的杂菌形成霉斑，严重时霉层覆盖整个叶面。霉污即是因白粉虱刺吸汁液诱发叶片霉层。

2 为害习性 烟粉虱一般在温室为害，常年为害，周年均可发生。烟粉虱没有休眠和滞育期，繁殖速度非常快。一个月完成一个世代。雌成虫平均产卵 150 粒左右，每一个雌虫还可以孤雌生殖 10 个以上的雄性子代。成虫喜食幼嫩枝叶，有强烈的黄色趋性。烟粉虱繁殖适温随着温度的提高，繁殖速度加快。18℃时发育历期 31.5 天，24℃时 24.7 天，27℃时 22.8 天。可见温度越高繁殖速度越快，为害作物就越严重。从此也能看出春末夏初飞虱繁殖加快，到了夏秋季节烟粉虱为害达到高峰。因此，从防治上看应该是越早越好。

3 生态防治

◎ 天敌生物防治：棚室栽培可以放养赤眼蜂、丽蚜小蜂防治蚜虫、白粉虱。

◎ 设置防虫网：为阻止白粉虱飞入危害，设置 40 目防虫网的大棚，吊挂黄板诱杀害虫。吊挂每亩 30 块黄板诱杀板于棚室里虫网设置风口 1 米内，诱杀残存棚室网内的烟粉虱。

4 药剂防治

◎ 建议采用懒汉施药法：即穴灌施药（灌窝、灌根）用强内吸杀虫剂 35% 噻虫嗪悬浮剂，在移栽前 2～3 天时，以 2 000～3 000 倍的浓度（10 克药对水 15 升）对幼苗进行喷淋，使药液除叶片以外还要渗透到土壤中。平均 1 平方米苗床用药 4 克左右（即 2 克药对水 15 升喷淋 100 棵幼苗），农民自己育苗秧畦可用喷雾器直接淋灌。持续有效期可达 20～30 天，有很好的防治粉虱类的效果。用此方法可以有效预防粉虱和蚜虫媒介传毒的作用，俗称"懒汉防虫施药法"。

◎ 喷雾施药：可选用 24.7% 噻虫嗪·高效氯氟氰菊酯微囊悬浮剂 1 500 倍液，或 25% 噻虫嗪水分散粒剂 1 000～2 000 倍喷施或淋灌 15 天 1 次，或扑虱灵可湿性粉剂 800～1 000 倍液与 2.5% 功夫水剂 1 500 倍液混用，或 10% 吡虫林 1 000 倍，或 1.8% 阿维菌素乳油 2 000 倍喷雾防治。

（二）蚜虫

1 为害状 以成虫或若虫群聚在叶片背面或在生长点或花器上刺吸汁液为害茄子。造成植株生长缓慢、矮小簇状。

2 为害习性 蚜虫一年可以繁衍 10 代以上。以卵在越冬寄主上或以若蚜在温室蔬菜上越冬，周年为害。6℃以上时蚜虫就可以活动为害。繁殖适宜温度是 16～20℃，春秋时 10 天左右完成一个世代，夏季 4～5 天完成一代。每个雌蚜产若蚜 60 头以上，繁殖速度非常快。温度高于 25℃时高湿环境下不利于蚜虫为害，这就是为什么在高温高湿环境下，蚜虫反而减轻的缘故。因此看出北方蚜虫为害期多在 6 月中下旬和 7 月初。蚜虫对银灰色有趋避性，有强烈的趋黄性。

3 生态防治 蚜虫同时还是传毒媒介，预防病毒病也应该从防治蚜虫开始。及时清除棚室周围的杂草。经常查看作物上有无蚜虫。随有即防，铺设银灰膜避蚜。设置蓝、黄板诱蚜，也可就地取简易板材涂黄漆刷板涂上机油吊至棚中 30～50 平方米挂一块诱蚜板。

4 药剂防治 建议早期采用"懒汉灌根施药法"防治烟粉虱为害（见烟粉虱防治关键技术，懒汉施药法）。以期有效控制蚜虫数量和为害。后期可选用 24.7% 噻虫嗪·高效氯氟氰菊酯微囊悬浮剂 1 500 倍液，或 25% 噻虫嗪水分散粒剂 1 000～2 000 倍喷施或淋灌 15 天 / 次，或扑虱灵可湿性粉剂 800～1 000 倍液与 2.5% 功夫水剂 1 500 倍液混用，或 10% 吡虫林 1 000 倍，或 1.8% 阿维菌素乳油 2 000 倍液，或 48% 乙基多杀霉素乳油 2 000 倍液喷雾防治。

（三）红蜘蛛

1 为害状 红蜘蛛是螨类害虫。是菜农常说的西瓜叶片"火龙"的祸首。用肉眼看能在叶子背面看到小红点刺吸为害叶子背面，以成螨或若螨集中在瓜类、茄果类蔬菜上叶肉或生长点上刺吸汁液，造成褪绿性黄化。仔细查看红蜘蛛常结成细细丝网。成螨和若螨在叶片背面刺吸汁液。被吸食的叶片正面呈现小斑点，严重时叶片成沙点，黄红色即火龙状。

2 为害习性 红蜘蛛以成螨在蔬菜温室棚的土里和越冬蔬菜的根际处越冬。依靠爬行、风力和人为操作传带以及苗木转移扩展蔓延。红蜘蛛繁衍很快，成螨对湿度要求不严格，这就是红蜘蛛干旱条件高温环境为害严重的缘故。红蜘蛛仅靠自己移动为害距离不大，这也是螨虫为害点片发生的特点。远距离为害多与人为传带和移栽有关。因此清园的作用非常重要。

3 生态防治

◎ 清除上茬蔬菜拉扬后的枝叶集中烧毁或深埋。减少虫源。

◎ 加强肥水管理，重点防止干旱，减轻为害。

4 药剂防治 红蜘蛛生活周期较短，繁殖力强，应尽早防治，控制虫源数量，避免移栽传带传播。喷施杀虫可选用10%噻螨酮乳油2 000倍液，或克螨特40%乳油2 000倍液，或20%达螨灵乳油1 500倍液，或20%四螨嗪悬浮剂2 000～2 500倍液喷施。

（四）茶黄螨

1 为害状 茶黄螨虫体非常小，以至于人们的肉眼看不到，只能借助显微镜才能见到。以成螨或幼螨集中在茄果类蔬菜上的幼嫩部位即生长点刺吸汁液，尤其是在辣甜椒、茄子的幼芽、花蕾和幼嫩叶片为害。受害植株叶片增厚，变脆、叶片畸形窄小，皱缩或扭曲畸形，重症植株被误诊为病毒病。叶背面呈灰褐色卷曲，节间缩短。幼茎僵硬直立。为害严重时生长点枯死秃顶状，植株矮小，畸形。果畸形受害果实表皮僵硬木栓化。果实膨大后表皮龟裂。

2 为害习性 茶黄螨年发生25代以上。在北方露地不能过冬。只能以成螨在蔬菜温室棚的土里和越冬蔬菜的根际处越冬。依靠爬行、风力和人为操作传带以及苗木转移扩展蔓延。茶黄螨繁衍很快，25℃时完成一代的繁殖仅需要12.8天，30℃时10天就繁殖一代。成螨对湿度要求不严格，但是，高温高湿有利于螨虫的繁衍。雄螨可以背负雌螨向植株幼嫩的枝叶移动。茶黄螨仅靠螨虫自己移动为害距离不大，这也是螨虫危害点片发生的特点。远距离为害多与人为传带和移栽有关。因此幼苗繁育和移栽杀螨的作用非常重要。

❸ 生态防治 清除田园杂草和茄子拉秧后的枯枝落叶。集中烧毁，不留残存枝条上的螨虫过冬。

茶黄螨生活周期较短，繁殖力强，应注意早期防治，防治用药参考红蜘蛛防治方法。

❹ 药剂防治 喷施杀虫可选用 10% 噻螨酮乳油 2 000 倍液、或克螨特 40% 乳油 2 000 倍液，或 20% 达螨灵乳油 1 500 倍液，或 20% 四螨嗪悬浮剂 2 000 ～ 2 500 倍液喷施。

（五）棉铃虫

❶ 为害状 幼虫蛀食西瓜花、幼蕾和啃食幼瓜瓜皮。致使落花、落蕾，果实皮腐，失去商品价值。

受害花蕾苞叶张开，变黄，脱落；受害花雌雄蕊被吃光，不能坐瓜；幼虫钻入果实为害，造成果实脱落或腐烂，造成减产并影响收益。

❷ 为害习性 棉铃虫食性很杂，除了为害棉花、玉米、小麦等大田作物之外，也能为害番茄、辣椒、茄子、西瓜、南瓜、豆类、甘蓝等蔬菜。以幼虫蛀食叶片和幼瓜，棉铃虫二代露地 6 月中下旬夏秋季生长期发生。越夏、露地种植的西甜瓜、茄果类蔬菜、十字花科蔬菜等生长发育期均能（7 月初）遭受二代棉铃虫幼虫危害。秋季种植的会在盛果期的 9 月遭受四代棉铃虫或烟夜蛾的幼虫危害。防治要抓住卵期、幼虫尚未蛀入果实前防控是有利时机。

棉铃虫在我国广泛分布，由北向南 1 年发生 3 ～ 7 代，在辽宁、河北北部、内蒙古自治区、新疆维吾尔自治区等地 1 年发生 3 代，华北 4 代，长江以南 5 ～ 6 代，云南 7 代。在华北地区，第 1 代幼虫为害期为 5 月下旬至 6 月下旬，第 2 代幼虫发生为害盛期在 6 月下旬至 7 月，第 3 代幼虫为害期在 8 ～ 9 月，第 4 代幼虫主要发生在 9 月至 10 月上、中旬。可见，棉铃虫各代在中后期发生时代不整齐，在同一时间往往可见到各种虫态，因此，各种蔬菜只要生育期适合（花、蕾、果），都会受到棉铃虫为害。

棉铃虫的特征特性：棉铃虫成虫为中型的蛾子，体长 15 ～ 20 毫米，翅展 31 ～ 40 毫米，前翅灰褐或灰绿色，中前部位有一对肾形斑和环形斑。卵呈馒头形，有纵隆纹，初产时乳白色，逐渐变黄，变黑后孵出幼虫。初孵幼虫个体很小，黑色，经过 4 ～ 5 次脱皮不断长大，最大时体长 40 ～ 50 毫米。棉铃虫幼虫长大后因为食物等原因，体色可呈不同类型，或全绿色，或淡红色、褐色等，但体背和体侧都带有不同颜色纵线。棉铃虫成虫具有趋光性、趋化性，所以，利用黑光灯、糖醋液和杨树枝把可以诱杀成虫。

棉铃虫的卵为散产，幼虫孵出后，有取食卵壳的习性，所以卵期喷施只有胃毒作用的药剂，例如，苏云金芽孢杆菌制剂，也能起到杀虫作用。

棉铃虫幼虫孵化后一直到二龄一直在作物表面取食和爬行，二龄后期钻蛀。所以，在钻蛀之前进行喷药防治能收到更好的效果。

3 生态防治

◎ 农业防治：结合田间管理，及时整枝打杈，把嫩叶、嫩枝上的卵及幼虫一起带出田外烧毁或深埋；结合采收，摘除虫果集中处理，可减少田间卵量和幼虫量。

◎ 诱杀成虫：使用诱虫灯、杨树枝把、糖醋液诱杀成虫可减少田间虫源。

4 药剂防治

◎ 生物防治：在卵高峰时喷施苏云金杆菌（Bt）高含量可湿粉剂每亩 300 克对水喷雾。在棉铃虫产卵始、盛、末期释放赤眼蜂。每亩放蜂 1.5 万头，每次放蜂间隔期 3 ～ 5 天，连续 3 ～ 4 次。

◎ 根施、滴灌施药：在设施栽培中、或露地蔬菜，建议采用根施灌根施药方式对鳞翅目、刺吸式害虫等采用一次性灌根方式进行防虫防控。即在定植缓苗后选取 30% 噻虫嗪·氯虫苯甲酰胺悬浮剂 3 000 倍液，逐一根部施药、或滴灌施药，这样防虫持效期可有近 60 天的防控，基本上对生长期的害虫达到防控目的，省工、省时、省药、达到安全生产的目的，此方法适用于蔬菜生产中所有害虫防控。

◎ 虫卵高峰 3 ～ 4 天后，可用 Bt 粉剂 800 倍液，或 20% 高效氯氟氰菊酯·氯虫苯甲酰胺悬浮剂 1 500 倍液、或 30% 噻虫嗪·氯虫苯甲酰胺悬浮剂 3 000 倍液、或 40% 噻虫嗪·氯虫苯甲酰胺水分散粒剂 3 000 倍液、5% 虱螨脲乳油 1 000 ～ 1 500 倍，或 5% 灭幼脲乳油 1 000 倍，或 5% 多杀霉素乳油 1 000 倍，或 1.0% 甲氨基阿维菌素苯甲酸盐乳油 1 500～3 000 倍，2.5% 高效氯氟氰菊酯水剂 1 000 倍，或 5% 氟铃脲乳油 1 000 倍、48% 多杀霉素乳油 2 000 倍，或 24% 悬浮剂虫螨腈 3 000 倍液喷雾。

（六）蓟马

1 为害状 蓟马为害瓜类、茄果类、豆类作物的嫩叶、生长点和花萼上。锉吸叶片汁液在叶脉周围呈白点，重症为害后叶片白点穿孔，造成叶片早衰，功能减退。

2 为害习性 蓟马以成虫和若虫锉吸嫩瓜、嫩梢、嫩叶和花、果的汁液。一年 8～18 代不等。南方因气候温暖繁衍迅速。北方季节分明，繁衍稍慢。以卵、若虫和蛹、成虫在土壤中羽化，出土后向上爬行至植株幼嫩部位为害。移动较快可以跳跃移动。有较强的趋光性和趋兰特性。

3 生态防治

◎ 设置防虫网：为阻止白粉虱飞入危害，设置 40 目防虫网的大棚，夏季育苗小拱棚加盖防虫网，清除田间杂草，利用成虫趋避性，设置兰板诱杀成虫。

◎ 天敌生物防治：引进生物天敌：草蛉、小花蝽等释放于设施棚室内或区域田间吊挂篮板诱杀防控蓟马为害。

4 药剂防治 建议采用"懒汉施药法"：即穴灌施药（灌窝、灌根）用强内吸杀虫剂 35% 噻虫嗪悬浮剂 3 000 倍液，在移栽前 2～3 天时或定植后，开花前后灌根施药，对幼苗进行喷淋，使药液除叶片以外还要渗透到土壤中。农民自己育苗秧畦可用喷雾器直接淋灌。持续有效期可达 20～30 天，有很好的防治蓟马和刺吸式害虫的效果。用此方法可以有效预防蓟马早期为害。农民嘻称"懒汉防虫施药法"。

喷雾施药可选用 24.7% 噻虫嗪·高效氯氟氰菊酯微囊悬浮剂 1 500 倍液，或 40% 乙基多杀霉素悬浮剂 2 000 倍液，或采用 35% 噻虫嗪 +5% 虱螨脲乳油 1 500 倍液混用喷施、或淋灌 15 天 / 次、或 10% 吡虫啉可湿性粉剂 800～1 000 倍液与 2.5% 高效氯氟氰菊酯水剂 1 500 倍液混用，或 1.8% 虫螨克星乳油 2 000 倍液喷雾防治。

附表 农药通用名与商品名称对照表

作用类型	商品名称	通用名称	剂型	含量（%）	生产厂家
杀菌剂	金雷	精甲霜灵·锰锌	水分散粒剂	68	先正达公司
杀菌剂	瑞凡	双炔酰菌胺	悬浮剂	23.4	先正达公司
杀菌剂	银法利	氟吡菌胺·霜霉威盐酸盐	水剂	687.5	拜耳公司
杀菌剂	世高	苯醚甲环唑	水分散粒剂	10	先正达公司
杀菌剂	适乐时	咯菌腈	悬浮剂	2.5	先正达公司
杀菌剂	百菌清	百菌清	可湿性粉剂	75	云南化工厂等
杀菌剂	达克宁	百菌清	可湿性粉剂	75	先正达公司
杀菌剂	硫酸铜	硫酸铜	晶体	90	国产和进口
杀菌剂	多菌灵	多菌灵	可湿性粉剂	50	江苏新沂
杀菌剂	甲基托布津	甲基硫菌灵	可湿性粉剂	70	日本曹达、国内企业等
生长调节剂	碧护	赤·吲乙·芸	可湿性粉剂	3.4	德国马克普兰
杀菌剂	克抗灵	霜脲·锰锌	可湿性粉剂	72	河北科绿丰
杀菌剂	霜疫清	霜脲·锰锌	可湿性粉剂	72	国内企业
杀菌剂	杀毒矾	噁霜·锰锌	可湿性粉剂	64	先正达公司
杀菌剂	普力克	霜霉威	水剂	72.5	拜耳公司
杀菌剂	阿米西达	嘧菌酯	悬浮剂	25	先正达公司
杀菌剂	大生	代森锰锌	可湿性粉剂	80	陶氏公司
杀菌剂	阿米多彩	嘧菌酯·百菌清	悬浮剂	56	先正达公司
杀菌剂	农利灵	乙烯菌核利	干悬浮剂	50	巴斯夫公司

作用类型	商品名称	通用名称	剂型	含量（%）	生产厂家
杀菌剂	多霉清	乙霉威·多菌灵	可湿性粉剂	50	保定化八厂
杀菌剂	利霉康	乙霉威·多菌灵	可湿性粉剂	50	河北科绿丰
杀菌剂	阿米妙收	苯醚甲环唑·醚菌酯	悬浮剂	32.5	先正达公司
杀菌剂	加瑞农	春雷·王铜	可湿性粉剂	47	新加坡利农
杀菌剂	细菌灵	链霉素·琥珀铜	片剂	25	齐齐哈尔
杀菌剂	凯泽	啶酰菌胺	可湿性粉剂	50	巴斯夫
杀菌剂	阿克白	烯酰吗啉	可湿性粉剂	50	巴斯夫
杀菌剂	百泰	吡唑醚菌酯·代森联	水分散粒剂	65	巴斯夫
杀菌剂	克露	霜脲·锰锌	可湿性粉剂	72	杜邦
杀菌剂	绿妃	吡唑萘菌胺·嘧菌酯	悬浮剂	32.5	先正达
杀菌剂	露娜森	氟吡菌酰胺·肟菌酯	悬浮剂	42.8	拜耳
杀菌剂	健达	氟唑菌酰胺·吡唑醚菌酯	悬浮剂	42.4	巴斯夫
杀菌剂	链霉素	农用硫酸链霉素	可溶粉剂	72	河北科诺
杀菌剂	萎菌净	枯草芽孢杆菌	可湿性粉剂	30亿个活芽孢/克	河北科绿丰
杀菌剂	恶霉灵	敌克松多菌灵	可湿性粉剂	98	山东企业
生长调节剂	九二O	赤霉酸	晶体	75	上海同瑞

续表

作用类型	商品名称	通用名称	剂型	含量（%）	生产厂家
杀菌剂	爱苗	丙环唑·苯醚甲环唑	乳油	25	先正达公司
杀菌剂	可杀得	氢氧化铜	可湿性粉剂	77	美国杜邦
杀菌剂	凯润	吡唑醚菌酯	乳油	25	巴斯夫公司
杀菌剂	品润	代森锌	干悬浮剂	70	巴斯夫公司
杀菌剂	福气多	噻唑磷	颗粒剂	10	浙江石原
杀菌剂	施立清	噻唑磷	颗粒剂	10	河北威远
杀菌剂	速克灵	腐霉利	可湿性粉剂	50	日本住友
杀虫剂	阿克泰	噻虫嗪	水分散粒剂	25	先正达公司
杀虫剂	锐胜	噻虫嗪	悬浮剂	35，70	先正达公司
杀虫剂	美除	虱螨脲	乳油	5	先正达公司
杀虫剂	克螨特	四螨嗪	乳油	70	富美实
杀虫剂	吡虫啉	吡虫啉	可湿性粉剂/乳油	10	威远生化/江苏红太阳等
杀虫剂	虫螨克星	阿维菌素	乳油	1.8	威远生化
杀虫剂	帕力特	虫螨腈	悬浮剂	24	巴斯夫
杀虫剂	功夫	高效氯氟氰菊酯	乳油	2.5	先正达公司
杀虫剂	度锐	噻虫嗪·氯虫苯甲酰胺	悬浮剂	30	先正达公司
杀虫剂	福戈	噻虫嗪·氯虫苯甲酰胺	水分散粒剂	40	先正达公司
杀虫剂	艾绿士	乙基多杀菌素	水分散粒剂	48	陶氏公司
杀虫剂	可立施	氟啶虫胺腈	水分散粒剂	50	陶氏公司